I0068875

LETTRE DE M. BAILLET

A

SES COINTÉRESSÉS.

—

DOCUMENT SUR LA CULTURE DE 16 HECTARES 36 ARES DE TERRES
EN ALGÉRIE, ETC. — CONSEILS SUR LA FORMATION D'UNE SOCIÉTÉ
RÉGULIÈRE, ET SUR L'EMPLOI DE FAMILLES NORMANDES POUR
S'OCCUPER D'AGRICULTURE ALGÉRIENNE.

Soulageons nos misères locales, en aidant
à la colonisation de l'Algérie.

ROUEN.

IMPRIMERIE DE H. RIVOIRE,
Rue Saint-Etienne-des-Tonneliers, t.

—

1854.

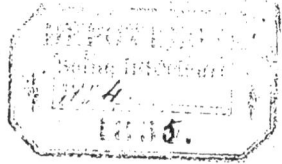

LETTRE DE M. BAILLET

A

SES COINTÉRESSÉS.

DOCUMENT SUR LA CULTURE DE 16 HECTARES 36 ARES DE TERRES
EN ALGÉRIE, ETC. — CONSEILS SUR LA FORMATION D'UNE SOCIÉTÉ
RÉGULIÈRE, ET SUR L'EMPLOI DE FAMILLES NORMANDES POUR
S'OCCUPER D'AGRICULTURE ALGÉRIENNE.

Soulageons nos misères locales, en aidant
à la colonisation de l'Algérie.

ROUEN.

IMPRIMERIE DE H. RIVOIRE,

Rue Saint-Etienne-des-Tonneliers, 1.

1854.

Je prie les fonctionnaires et toutes les personnes qui recevront un exemplaire de la lettre qui suit, de bien vouloir la parcourir avec soin ; elles y trouveront le moyen de s'éclairer :

1° Sur les déceptions qu'ont eu à éprouver les premiers acquéreurs de biens en Algérie ;

2° Sur les produits *énormes* que la culture peut y donner… ;

Et 3° sur les bénéfices considérables que des Sociétés sérieuses réaliseraient, en s'y occupant d'agriculture, à l'aide de familles de leur choix… Et, cependant, ces Sociétés, en s'enrichissant, feraient de la bienfaisance, car elles enlèveraient à la misère bien des familles qui souffrent.

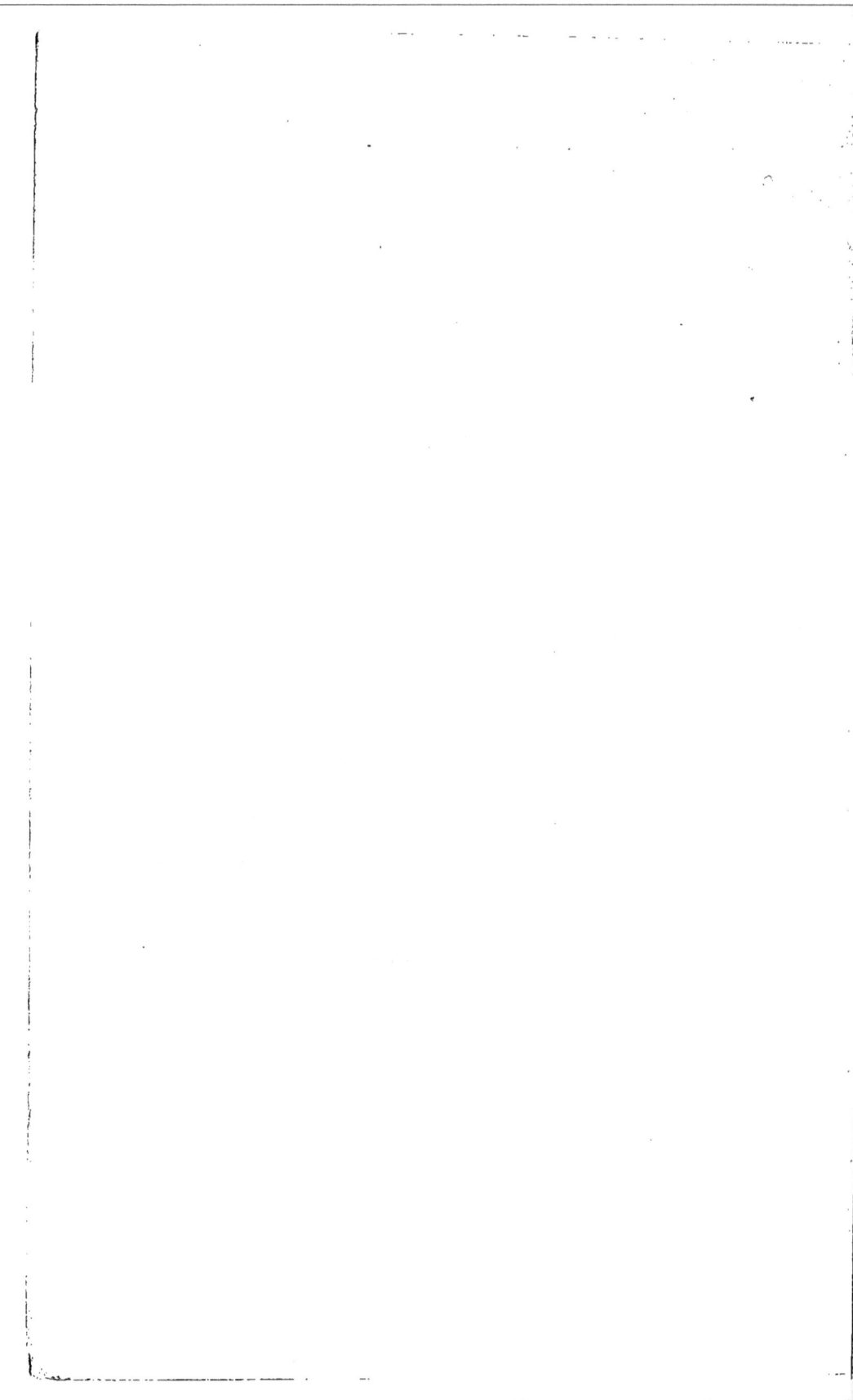

Rouen, 24 décembre 1854.

Mes chers Cointéressés,

A la fin de 1846, lorsque, pour la première fois, je m'occupai de nos intérêts communs, je disais, à la page 29 du rapport imprimé qui vous fut remis :

« En 1835, vous avez fait une spéculation, vous pouvez « l'élever à la hauteur d'un acte de patriotisme ! etc., etc. »

Appelé par votre confiance à faire partie du comité créé par vous en 1847, je n'ai cessé de vous répéter depuis que l'union faisait la force...; qu'avec du courage, de la persévérance, une fusion sincère de vos intérêts..., des efforts communs vers un même but, vous pourriez arriver, sinon à de très-grands bénéfices, *parce qu'on vous avait trompés de la manière la plus révoltante*, au moins à de très-bons résultats encore, *quant à ceux de vos biens* que vous pourriez *découvrir et posséder en tout ou pour partie.*

J'ai dit et répété qu'en sachant *s'imposer des sacrifices convenables* pour utiliser ces seules propriétés, vous agiriez dans vos véritables intérêts, mais aussi dans ceux de votre pays et de l'Algérie, en contribuant à sa colonisation.

En vous émettant ces idées, j'obéissais à une conviction profonde et intime, conviction qui n'a fait que s'accroître de plus en plus, par ce qu'il m'a été donné *de voir ou de faire pour vous.*

Au milieu des embarras et des difficultés de toute nature, que votre comité a eus à combattre depuis 1847, j'ai été soutenu par cette pensée qu'en travaillant pour vous, j'*aiderais* PAR VOUS à la colonisation algérienne, et à servir notre pays, si intéressé à ce que le trop plein de nos populations de tisserands, cultivateurs du pays de Caux, prenne la route de l'Algérie, pour aller y trouver l'aisance par le travail, au lieu de se débattre dans une misère qui ne peut qu'aller en s'augmentant.

J'obéissais à la même pensée, lorsque, dans votre réunion du 5 décembre dernier, je vous disais que, pour arriver à bien, vous n'aviez qu'*un parti à prendre :* celui de former une société régulière pouvant réunir les capitaux suffisants pour bâtir et mettre en valeur ce que vous avez ; qu'à ce moyen seul il y aurait unité d'intérêts, de direction et de but.

Dans une réunion nombreuse, dans laquelle on veut parler un peu de tout ce qui a trait à des affaires ignorées, sinon par tous, au moins par le plus grand nombre d'entre vous, on ne peut étudier avec calme (et conscience de ce qu'on ferait) une proposition, si utile qu'elle soit. D'ailleurs, chez vous la défiance a sa justification dans les sacrifices que vous avez faits depuis 1835, et dans les déceptions que vous avez éprouvées.

Permettez-moi donc de revenir avec vous sur cette idée de société, sur son utilité et sur le bien qu'elle vous mettrait à même de réaliser.

Avant tout, je vous rappellerai rapidement votre situation à la fin de 1846, ce qu'elle était en 1853, et les essais faits, en 1854, en votre nom, pour vous démontrer et vous convaincre : 1° que le parti que je vous conseille est tout à la fois avantageux et honorable pour vous; et 2° que je n'obéis pas à un engouement aveugle, mais à un sentiment honnête et de vraie charité chrétienne.

Saint Paul disait : *Charitas Dei urget nos;* rempli de l'esprit de son divin maître, il avait des paroles de feu pour se faire écouter et pour convaincre.

Pour moi, qui n'ai point à convertir des âmes au christianisme, mais seulement à affermir dans vos cœurs la confiance *à peine née* dans l'avenir de l'Algérie, fasse Dieu que je puisse vous éclairer et vous persuader. Je le prie de me diriger et de m'inspirer, car il s'agirait de vous faire concourir, *par le sentiment même de vos intérêts bien compris,* à une bonne action, qui élèverait à la hauteur d'un acte de patriotisme votre spéculation de 1835.

Veuillez bien donc m'accorder toute votre attention, et examiner scrupuleusement les détails préliminaires dans lesquels je vais entrer, pour vous mettre à même de juger des avantages ou des inconvénients de ma pensée d'association, dont je vous parlerai au chapitre 3 de cette lettre.

CHAPITRE PREMIER.

PREMIÈRE SECTION.

En 1835, on vous avait vendu, moyennant 9,317 fr. de rente et 4,450 fr. par chaque 66ᵉ, des propriétés, au nombre de 39, dont la contenance devait dépasser 22,000 hectares.

A la fin de 1846, *onze ans* après votre acquisition, et malgré le payement fait pendant dix ans (et d'une manière ridicule) des rentes mises à votre charge pour des propriétés encore inconnues pour la presque totalité, vous n'en aviez réellement que 10, savoir : les nᵒˢ 7, 11, 13, 14 et 20, 19, 25, 38, 40, 53 et 54 (1), contenant ensemble, y compris deux maisons à Blidah (les nᵒˢ 25 et 40), 53 hectares 90 ares

(1) Je vous indique ces numéros, qui ont été suivis dans les divers rapports que vous avez aux mains, afin que vous puissiez vous y reporter. Les personnes étrangères à la compagnie qui liraient ce petit travail, pourraient croire que le nombre réel de vos biens excède 39 ; il est bon qu'elles sachent que ce nombre 39 est le seul exact, sans qu'elles aient à se préoccuper d'indications de numéros, qui sembleraient faire croire à un nombre plus considérable.

60 centiares, au lieu de 94 hectares 46 ares 99 centiares. (*Voir le tableau, page* 6 *du rapport de* 1852.)

Ces biens, non soumis aux formalités de délimitation et de vérification de titres, situés à Blidah, Birkadem, Kouba et Birmandréis, étaient les seuls qui fussent connus en 1846, et dont vous fussiez en possession ; ils produisaient alors un revenu de 2,825 fr. (car la propriété de Ben-Negro, louée 1,200 fr. maintenant, était alors occupée moyennant 2,000 fr., par un sieur Hoffer, qui est mort vous devant plus de 3,000fr. de loyers.

Pour vos autres propriétés, tout était dans l'incertitude, et sur leur existence, et sur la validité ou l'invalidité de vos acquisitions.

En 1854, et par suite de délimitations opérées et de décisions judiciaires ou administratives, vous étiez reconnus propriétaires des biens ci-après :

NOMS DES PROPRIÉTÉS.	CONTENANCES		NOMS DES FERMIERS.	REVENUS.
	PROMISES.	RÉELLES.		
	h. a. c.	h. a. c.		fr. c.
1° Djennet, n° 4	32 » »	3 » »	Sid-Ali-Omar....	50 »
2° El-Iman, n° 6.	27 » »	» 59 »	Perez.........	25 »
3° Mahmoud, n° 7...	2 16 20	4 84 »	Michel Saintis....	425 »
4° Ali-Teinturier, n° 11........	32 83 »	» 60 »	Benito-Camps....	180 »
5° Marman, n° 12.	4,150 » »	300 » »	Hassem.........	800 »
6° Fatima, n° 13..	sans cont.	» 32 »	De Baudicourt....	100 »
7° Ben-Negro, n°s 14 et 20......	37 » »	37 » »	Morineau........	1 200 »
8° Sergnoun, n° 19	sans cont.	1 15 »	Jean Seguin......	475 »
9° Tezmourette, n° 22..	43 » ·	1 66 »	Vicente........	60 »
40° Maison à Blidah, n° 25.....	» » »	» » »	Ben-Saïd.......	600 »
44° { Maison à Koleah, n° 33....	» » »	» » »	....	40 »
{ Jardin à Koleah, n° 33....	28 » »	1 08 »	Matchera.........	45 »
42° Propriété à Kouba, n° 38...	42 30 79	6 60 »	....	450 »
43° Maison à Blidah, n° 40......	» » »	» » »	Sebba.... ....\..	300 »
44° { Haouche-Kouche 1/2, n° 46.	410 » »	198 » »	....	» »
{ Bou-Amara, n° 46........	» » »	25 84 90	un Arabe...... ..	200 »
45° Kodjaberry-St-Charles, n° 49.	1.303 » »	404 » »	M. Haucourt.....	2,400 »
46° Ben-Salah, n°s 51 et 52... .	1,230 » »	2 56 60	pris par l'Etat....	» »
47° Mahmoud, n° 53	2 76 »	1 95 25	Ensemble........	200 »
48° Ben-Kelil, n° 54........	5 94 »	4 67 35		
49° Kodjaberry-Fondouck, n° 56.	2,488 » »	364 » »	329 h. 82 a. 40 c. pris par l'Etat, l en-Rabbah.	225 »
Totaux	9,473 99 99	1,311 85 10		7,145 »

Contenance promise. . . .   9,473^h 99. 99^c
Contenance réelle 1,351 85 10
_____
    Différence. . . . .   8,122^h 14. 89^c

Ainsi, pour ces biens, vous devriez avoir. .   1,351^h 85. 10^c
Mais il faut en retrancher :
La propriété n°s 51 et 52. . .   2^h 56. 60^c
Sur la propriété n° 56. . . .   329 82 40
_____
                       332^h 39^a 00^c

dont l'Etat a disposé pour les colons, ci. . .   332 39   »
Il vous reste, en définitive, 1,019 hectares   _____.
46 ares 10 centiares. . . . .   1,019^h 46. 10^c

DEUXIÈME SECTION.

A la liste de biens dont vous jouissez, et retrouvés depuis 1847, ou dont les titres ont été validés depuis, il faut ajouter le n° 6, le jardin El-Iman, vendu pour 27 hectares,
ci. . . . .   27^h

La contenance vraie parait être de 59 ares; l'Etat en a pris une partie, et il ne vous en reste qu'environ 13 ares 50 centiares, ci. . . . .   13. 50^c

2° Le n° 10, vendu pour 427 hectares. .   427

La contenance réelle se trouve être d'environ 30 hectares (figurant sous le n° 465 du plan de Maelma) donnés aux colons de cette localité par l'Etat, de sorte que, sauf le droit à une indemnité, vous n'avez rien.   »   »

3° Le n° 21 (El-Meki) vendu pour 60 hectares, ci.   60

Ces terres ayant été prises par l'Etat, un arrêté du 11 octobre 1850 vous accorde une

A reporter. . . . . 514^h 13. 50^c

Report. 514ʰ		13ᵃ 50ᶜ

indemnité de 380 fr., mais il ne vous en reste rien. . . . . » »

Et 4° la propriété n° 37, vendue pour 50 hectares, ci. 50

Cette terre dont vous ne jouissez pas, et pour laquelle vous plaidez avec M. Mazerin, n'a que 11 hectares 17 ares 95 centiares, ci. 11 17 95

Contenance promise. . . 564ʰ	564ʰ	11ʰ 31ᵃ 45ᶜ
Vous n'avez que. 11 31 45		

Différence. 552ʰ 68ᵃ 55ᶜ

TROISIÈME SECTION.

On vous avait vendu : 1° Le n° 5 (Toute-Oulide) pour 427 hectares, ci. 427ʰ

Sauf discussion pour la question de propriété, vous n'avez encore, quant à présent, que 8 hectares, ci 8ʰ

2° Le n° 30 (Tarrhioute) pour 307 hectares, ci 307

Vous en aurez environ 7 à 8 hectares qu'on vous conteste et dont vous ne jouissez pas, malgré vos procès à cet égard, ci. 8

3° Le n° 60 (Charffa) pour 1,333 hectares, ci. 1,333

Si vous en obtenez une parcelle, elle n'excèdera pas 7 hectares, ci. 7

Et cependant les procès ne vous ont pas manqué pour cette terre, ainsi que vous pourriez le voir en vous reportant à son numéro, dans les rapports que vous avez aux mains.

Et 4° le n° 61 (Koucheche et Abromeli), sans

A reporter. . . . 2,067ʰ 23ʰ

Report. . . . 2,067ʰ 23ᵇ

vous indiquer de contenance. Vous ne jouissez de rien; on avait espéré un loyer de 85 fr., et si le conseil de préfecture d'Alger ne vous vient en aide, il vous faudra plaider encore pour obtenir une portion de cette propriété.

2,067ʰ 23ʰ

Vous comptiez sur. . 2,067 hectares.
Vous n'avez que. . . 23 —

Différence. . . . 2,044 hectares.

QUATRIÈME SECTION.

On vous avait vendu : 1° La terre Ben-Aroun, n° 5, pour 254 hectares, ci. 254

Votre titre a été annulé par arrêté du 12 juillet 1849; sauf votre droit à une indemnité, vous n'avez rien. . »

2° La terre Beni-Mered, n° 50, pour 197 hecares, ci 197ʰ

Un arrêté du 3 septembre 1849 annule vos titres; sauf votre droit à une indemnité, il ne vous reste rien. »

Il faut encore retrancher de vos acquisitions espérées 451 hectares, ci. 451ʰ

CINQUIÈME SECTION.

Biens qui, en 1847, se trouvaient en dehors du territoire civil, exempts de délimitations, mais dont, pour ce qui en existe, la propriété est encore incertaine et très-contestée.

On vous avait vendu :

1° El-Iman (n° 2) pour 4,103 hectares, ci. 4,103ʰ »ᵃ »ᶜ
2° Sidi-Ieklef (n° 16) pour 683 hectares, ci. 683 » »

A reporter. . . . 4,786ʰ »ᵃ »ᶜ

Report. . . . 4,786^h »^{a} »^{c}

3º Tiglemas (nº 24) pour 492 hectares, ci.   492 » »

4º Sefta (nº 39) pour 683 hectares 77 ares, ci.   683 77 »

5º Meydouffa (nº 41) pour 492 hectares, ci.   492 » »

6º Alkebir (nº 48) pour 355 hectares, ci. .   355 » »

7º Katchibraham (nº 57) pour 1,303 hectares 35 ares 22 centiares, ci. 1,303 35 22

8,112^h 12^a 22^c

L'Etat a disposé des nᵒˢ 39, 48 et 57; le séquestre paraît mis sur le surplus, et en cas de succès (*qui est probable*) pour les nᵒˢ 2, 16 et 41, il y a lieu de penser que vous n'aurez que 303 hectares, ci. . . . . 303 » »

Différence. . . . . 7,809^h 12^a 22^c

Il convient d'observer cependant : 1º Que pour les propriétés nᵒˢ 39, 41 et 57, il y aura lieu de réclamer une indemnité, lors même qu'on déciderait que la vente vous en aurait été faite illégalement, et 2º que les 303 hectares de terre dont vous jouissez, et dont la conservation n'est pas encore décidée, sont loués à votre profit à M. Hassem, propriétaire à Blidah, moyennant 700 fr. par an.

Résumé des cinq sections qui précèdent.

Il résulte de la première section (*relative aux seules propriétés reconnues maintenant être à vous*) qu'on vous avait vendu ces propriétés pour une contenance de 9,473 hectares 99 ares 99 centiares, ci. . . 9,473^h 99^a 99^c

Mais que vous n'avez réellement que 1,019 hectares 46 ares 16 centiares, ci. . . .   1,019^h 46^a 16^c

Les biens indiqués dans la

A reporter. . . . 9,473^h 99^a 99^c 1,019^h 46^a 16^c

Report. . . .	9,473ʰ 99ᵃ 99ᶜ	1,019ʰ 46ᵃ 16ᶜ

deuxième section, et *reconnus
depuis* 1847 vous avoir été
valablement vendus, vous
avaient été annoncés contenir
564 hectares, ci. . . . . 564 » »

Vous n'avez que 11 hectares
31 ares 45 centiares, ci. . .   11 31 45

Pour les biens de la troisième section, dont la délimitation a été faite *depuis* 1847,
ils devaient avoir 2,067 hectares, ci. . . . . . . 2,067 » »

Vous ne devez espérer que
23 hectares, ci . . . . .   23 » »

Les titres des propriétés
indiquées dans la quatrième
section ont été annulés; ces
propriétés devaient avoir 451
hectares, ci. . . . . . 451 » »

Vous n'en avez aucune par-
celle, ci. . . . . . .   » » »

       Total. 12,555ᵇ 99ᵃ 99ᶜ 1,067ʰ 14ᵃ 11ᶜ

Ainsi, sur les biens reconnus depuis 1847 être à vous, et
qui, d'après vos contrats, devaient avoir 12,555 hectares
99 ares 99 centiares, vous
n'avez que 1,067 hectares 14
ares 11 centiares, et vous su-
bissez une différence de 11,488
hectares 85 ares 88 centiares,

       A reporter. . . .   1,067ʰ 14ᵃ 11ᶜ

Report. . . .   1,067ʰ 14ᵃ 11ᶜ

ci. 11,488ʰ 85ᵃ 88ᶜ

Quant aux biens de la cinquième section, et pour lesquels la validité de vos titres
est encore dans l'incertain, ils
vous avaient été vendus comme
contenant 8,112 hectares 12
ares 22 centiares.

En admettant que vous en
obteniez 303 hectares pour les
propriétés nᵒˢ 2, 16 et 41, ci.   303 » »

Vous auriez à subir la perte
de 7,809 hectares 12 ares 22
centiares, ci. 7,809 12 22

19,297ʰ 98ᵃ 10ᶜ   1,370ʰ 14ᵃ 11ᶜ

Aussi, et dès à présent, vous pouvez considérer comme
constant que, sur vos acquisitions de 1835, vous perdrez plus
de 19,000 hectares sur les contenances que vous aviez cru
acquérir, et quant à présent vous n'avez réellement, et *d'une
manière positive*, que 1,067 hectares 14 ares 11 centiares, et
éventuellement l'espérance d'en avoir encore 303 hectares sur
les terres nᵒˢ 2, 16 et 41; ce qui, en cas de succès, vous donnerait 1,370 hectares 14 ares 11 centiares, au lieu de plus de
20,000 hectares, et vous ne jouissez réellement que de 1,019
hectares 46 ares 10 centiares, plus 13 ares 50 centiares de la
propriété nᵒˢ 6 et 6 *bis*.

Ce petit exposé vous confirme à nouveau ce que je n'ai eu
que trop d'occasions de répéter, c'est qu'on vous a *audacieu-
sement volés*!

Sans doute, vous avez fait de grands sacrifices d'argent depuis 1835...; vous avez payé des rentes, etc., etc...; vous avez
plaidé, vous plaidez encore pour sortir du guêpier où vous

ont placés ces acquisitions ; mais tout cela était la conséquence de la faute faite par chacun de nous en acquérant des biens que nous ne connaissions pas ; et ces sacrifices faits ne prouvent rien contre la proposition de grande association dont je vous ai parlé le 5 de mois et dont je viens vous parler encore.

Pour préparer vos convictions à cet égard, il convient que je vous soumette les réflexions suivantes :

Pris en bloc, les sacrifices d'argent par vous faits sont sans aucun rapport avec les propriétés *que vous avez réellement ;* mais vous les avez faits non pas en vue de ce que vous avez en 1854, *mais de ce que vous espériez avoir* en 1835.

Il faut donc, pour être conséquents et apprécier sainement les avantages ou les inconvénients de votre opération de 1835, diviser les dépenses par vous faites et voir ce qui concerne les propriétés que *vous avez définitivement* (elles sont indiquées dans la première section).

Les propriétés indiquées dans cette première section, qui devaient contenir 9,473 hectares 99 ares 99 centiares et dont vous n'avez obtenu que 1,019 hectares 46 ares 10 centiares, vous avaient été vendues (outre des prix payés comptant pour les nᵒˢ 14 et 53) moyennant des rentes s'élevant ensemble à 5,063 fr. 55 c., ci. 5,063ᶠ 55ᶜ

Le séquestre ayant été mis sur les rentes grevant les nᵒˢ 11, 12, 13, 19, 22, 33, 34 et 46 et sur partie de celles concernant les nᵒˢ 49 et 56 de vos biens, ces rentes s'élevant ensemble à 2,273 fr. 76 c. ont été réduites de moitié par le décret du mois de février 1850, ce qui allège vos charges à cet égard de 1,136 fr. 88 c. par chaque année, ci. 1,136ᶠ 88ᶜ

La rente de 720 fr. grevant les nᵒˢ 51 et 52 a été annulée par juge-

A reporter. 1,136ᶠ 88ᶜ 5,063ᶠ 55

Report. . . . 1,136ᶠ 88ᶜ   5,063ᶠ 55ᶜ

ment du 12 juin 1852, qui a condamné
votre prétendu créancier à vous rem-
bourser une somme qui, avec les intérêts, dépasse maintenant 12,000 fr.,
ci.   720   »

Vous avez remboursé les rentes
grevant les nᵒˢ 7, 38 et 54, s'élevant à
136 fr. 90 c., ci.   136   90

Et sur la rente grevant les nᵒˢ 6 et
6 bis, vous avez remboursé 133 fr.
33 c., ci.   133   33

Quant à la rente de 108 fr. grevant
le nᵒ 4, on peut la considérer comme
réduite de 88 fr. si on peut en finir
avec son prétendu créancier actuel (et
la réduction serait plus forte encore,
si on suivait sur une action formée en
votre nom le 21 octobre 1845), ci. .   88   »

Total des réductions. . . 2,215ᶠ 11ᶜ 2,215   11

Vos charges réelles pour ces biens ne seraient
plus que de 2,848 fr. 44 c., ci. 2,848ᶠ 44ᶜ

Si pour les nᵒˢ 6, 11, 12 et 22 vous parveniez à obtenir la
justice qui vous est due, cette rente de 2,848 fr. 44 c. se trouverait alors réduite de plus de 600 fr. par an. Quant à présent,
du reste, je m'arrête à cette charge réelle de 2,848 fr. 44 c.
par an.

Mais vous avez à déduire les indemnités suivantes, qui vous
ont été accordées par l'État, savoir :

1º Pour les nᵒˢ 6 et 40, 7,379 fr. 23 c., ci.   7,379ᶠ 23ᶜ
2º Pour le nᵒ 56, 7,381 fr. 10 c., à raison des

A reporter. . . . 7,379ᶜ 23ᶜ

Report. . . . 7,379ᶠ 23ᶜ

terres qu'on a données aux colons du Fondouk
(vous vous êtes pourvus devant le conseil d'État
pour insuffisance de cette indemnité), ci. . . 7,381 10

Total. 14,760ᶠ 33ᶜ

Cette somme, avec les intérêts à 10 p. 0/0 qui vous en sont
dus depuis 1843, a doublé depuis vos liquidations d'indemnité ;
il faut y ajouter encore la répétition à vous faire (en exécution
du jugement du 12 juin 1852) sur la propriété nᵒˢ 51 et 52,
qui maintenant dépasse 12,000 fr., de sorte qu'en employant
le montant de cette condamnation et de ces indemnités (en
supposant qu'on n'en obtienne pas de plus considérables) ,
vous auriez déjà un capital plus que suffisant pour éteindre les
2,848 fr. 44 c., (remboursables au denier 10 en Algérie), que
je vous ai indiqués, comme formant l'importance de vos
charges actuelles , sur les *biens dont vous jouissez* d'une manière définitive.

Eh bien ! il faut remarquer que les dix-neuf propriétés,
dont il est question dans la première section ci-dessus, et dont
les charges doivent se balancer avec les indemnités ou condamnations dont je viens de parler, produisent déjà un revenu de 7,145 fr. (*Voir le tableau à la première section*) outre le
bénéfice espéré des cultures , entreprises en 1854, sur une
portion du nᵒ 46 (l'Haouche-Kouche).

Donc, et si déplorable dans son ensemble qu'ait été votre
opération de 1835 ; si pénibles qu'aient été les débats auxquels ont donné ou donnent encore lieu plusieurs des propriétés de cette première section, il n'en faut pas moins reconnaître, dès maintenant, que ces propriétés vous présentent en
échange de vos ennuis et de vos tracas, un produit net, certain de 7,145 fr. (indépendamment de ce que la culture de
partie du nᵒ 46 fait espérer en 1854).

Or, pour rendre ce produit le six *à dix fois* au moins plus

2

considérable, il suffit d'une société régulière avec un capital suffisant pour tirer de ces seuls biens le parti qu'on en peut obtenir.

Je m'arrête ici, de ce premier chapitre, car je n'ai pas en vue de vous parler avec détail de toutes vos propriétés, de tous vos procès, de toutes vos réclamations à l'administration, etc., etc. Vous trouverez dans les rapports qui sont en vos mains et au secrétariat les documents nécessaires pour vous éclairer à cet égard. Mon but unique étant de vous démontrer la nécessité d'une grande association, les avantages incontestables que vous en obtiendriez, le bien qu'elle vous mettrait à même de faire, je vais, dans le chapitre deux ci-après, vous expliquer les raisons de mon insistance près de vous, et de ma foi dans le succès, si je suis assez heureux pour vous convaincre.

CHAPITRE DEUXIÈME.

PREMIÈRE SECTION.

Quoique formé en 1847, ce n'est qu'en 1854 que votre comité actuel est parvenu à réunir les pouvoirs authentiques et réguliers de chacun de vous, et dans ces pouvoirs, il y en a deux contre lesquels il aurait fallu protester (si on avait eu à s'en servir), car ils contiennent des restrictions qui placeraient ceux qui les ont donnés dans une condition autre que tous leurs autres cointéressés.

Ce fait, le seul que je croie bon de relever ici, prouve le peu d'ensemble qui existe, *même quant à présent*, dans la direction de vos affaires en général, le défaut de fusion absolue des intérêts de tous dans un intérêt commun et de tendance vers un seul et même but, de sorte qu'outre ses embarras trop nombreux pour les luttes en Algérie et ailleurs, votre comité en a aussi éprouvé dans sa marche, soit avec vos agents algériens , soit même de la part de plusieurs de vos cointéressés.

Cependant en 1854, et obéissant à cette pensée que pour arriver à des résultats utiles, il fallait faire en votre nom un commencement de culture, on vous a proposé de voter un capital pour se livrer à un premier essai.

On s'imaginait (lorsque cette proposition vous fut faite), que cet essai serait fait sur la portion de l'Haouche-Kouche (n° 46), dont vous jouissez, et cela en attendant que l'administration faisant droit à vos justes et loyales réclamations , vous abandonnât à titre d'indemnité ou d'échange ce qui lui appartient dans cette terre (moins 20 ou 40 hectares pour un sieur Retournat).

Au lieu de circonscrire ce premier effort sur l'Haouche-Kouche, votre agent (qui a cessé depuis de vous représenter), annonça qu'il faisait faire de la culture sur les n°ˢ 12, 14 et 46. On avait lieu de croire , d'après les correspondances, que ces cultures porteraient sur une contenance de plus de 42 hectares, dont 31 au moins à l'Haouche-Kouche; il n'en a pas été ainsi ; mais malgré les inquiétudes et les difficultés que nous avons eues à subir , et dont les détails ne sauraient trouver place ici, il convient de vous signaler les résultats obtenus par cette première tentative de culture personnelle.

Avant tout , je dois vous faire les **observations suivantes** :

A part une mauvaise baraque en planches que vous avez fait élever en 1852 pour loger à l'Haouche-Kouche M. Féré, qui, en succédant à M. Retournat, devint votre fermier d'une partie de cette propriété, moyennant 1,000 fr. par an, vous n'aviez *rien, absolument rien,* pour loger des colons et les abriter.

Comme l'État a fait construire, en 1837, sur cette propriété, quatre grands hangars ayant chacun 64 mètres 50 centimètres de long sur 7 mètres 20 centimètres de large, votre agent fit acheter des planches, et à l'aide de cloisons sous un de ces grands hangars, il improvisa, vaille que vaille, des logements pour les familles espagnoles ou françaises qu'il voulait employer. Pour la même raison, il fit élever à Marman une grande loge en bois, recouverte en tuile, pour y abriter les colons qu'il avait établis sur une parcelle de cette propriété.

Prévenus à temps, vous n'auriez probablement pas permis de culture à Marman, surtout à raison de l'obligation d'y élever un logement provisoire; mais ces cultures étaient déjà avancées quand il me fut donné de me rendre pour vous en Algérie, et dès lors il fallait, tant bien que mal, abriter les travailleurs qu'on y avait placés en votre nom.

Pour des colons à l'Haouche-Kouche, on ne pouvait en obtenir que sous la condition de leur offrir un abri;... vous ne pouviez, sans imprudence, y faire faire des constructions solides et sérieuses *(en supposant, ce qui n'est pas, qu'on eût eu des fonds pour cela)*, puisque cette propriété, dont vous avez la moitié, est encore indivise avec l'État, et que cette moitié n'est pas fixée.

On se contenta donc, *avec* l'espérance que bientôt *(et sauf 40 hectares pour M. Retournat)*, l'État vous céderait ses droits, à approprier du mieux qu'on put des abris sous un des hangars dont je viens de parler.

Quant au matériel, en bœufs, voitures, charrues, etc., etc., vous n'aviez rien encore, et dès avant mon arrivée votre agent en avait acheté pour une somme de 5,279 fr.

Pour les labours à faire des terres que vos colons *devaient cultiver* (à l'Haouche-Kouche), en gardant 3/5es des produits (sur lesquels on retiendrait les avances à leur faire), et 2/5es pour vous, à la charge de fournir des séchoirs, les charriages des produits, etc., il paraît que votre agent s'était entendu pour les faire opérer *(ces labours)* à raison de 70 fr. par hectare par M. Féré, et à raison de 36 fr. par hectare à Marman, par un propriétaire voisin.

Je n'examine pas ici si votre agent a bien ou mal opéré; si, au respect de M. Féré, il a agi avec toute la prudence désirable ; s'il n'a pas fait des avances trop considérables aux colons qu'il avait établis, etc., etc., je me borne à vous indiquer les faits principaux qui vous ont aidés à devenir cultivateurs pour votre compte. (D'autres détails à ce sujet m'éloigneraient du but que je me propose.)

D'après les documents fournis par votre ancien agent, et répétés au mois de mai dernier par lui et M. Féré, vous deviez avoir à l'Haouche-Kouche, devant cultiver chacun la quantité de terre ci-après indiquée, savoir :

1o	M. Ronah.	5ʰ
2o	M. Sarragosse.	5
3o	M. Borgia.	5
4o	M. Mollet.	3
5o	MM. Tony, Jean et un associé.	3
6o	M. Jacques.	3
7o	M. Benito.	3
8o	M. Briot.	2
9o	MM. Salvador et Bier.	3
10o	M. Bordes.	1
	Total.	33ʰ

11o A Marman (no 12), les frères Gaspard Flores devaient cultiver 6 hectares 25 ares de terre, savoir : 25 ares pour vous en garance, à l'aide de travaux payés séparément, et le surplus en tabac dont vous auriez les 2/5ᵉˢ, et en arachides, dont vous n'auriez que moitié, ci. 6ʰ 25ᵃ

Et 12o à Ben-Negro (no 14), des détenus pour cause politique devaient cultiver, en tabac et coton, 5 hectares de terre dont ils devaient avoir deux tiers, et vous l'autre tiers, car vous n'aviez pas sur cette pro-

A reporter. 39ʰ 25

Report. 39ʰ 25ᵃ

priété à faire les labours, ci . . . . 5 »

Total. 44ʰ 25ᵃ

Des documents arrivés à votre secrétariat tout ré-cemment indiquent que les cultures faites à l'Haou-che-Kouche, pour votre compte, n'ont porté que sur 20 hectares 32 ares de terre, ci. . . . 20ʰ 32ᵃ

A Marman (nᵒ 12), sur 3 hectares 67 ares, ci. 3 67

Et à Ben-Negro (nᵒ 14), sur 2 hectares 53 ares, dont 2 hectares 28 ares en tabac et 25 ares en coton, ci. 2 53

Total. 26ʰ 52ᵃ   26 52

Différence entre les cultures annoncées et celles effectuées, 17 hectares 73 ares, ci. 17ʰ 73ᵃ

Aucun de vos colons n'a cultivé la quantité de terres que vous deviez supposer qu'il cultiverait ; un d'eux même, M. Tony, n'a rien cultivé du tout, bien qu'au 12 mai 1854, on l'eût indiqué comme devant exploiter 3 hectares de terre.

Cependant, et à part des abris laissant fort à désirer (et dont pas un de nos ouvriers du pays de Caux se fût contenté), vos colons ne doivent pas avoir eu à se plaindre d'avoir été employés à votre compte, car d'après les renseignements four-nis par votre ancien agent, sur sa gestion jusqu'à ce qu'il ait cessé de s'occuper de vous, il avait avancé en votre nom, aux seuls colons employés sur l'Haouche-Kouche et à Marman, une somme de 10,315 fr. 38 c., pour leurs besoins et leur en-tretien, savoir :

	Avances.	Effectif des terres cultivées.
1º A M. Ronah.	1,854ᶠ 95ᶜ	3ʰ 28ᵃ
2º A M. Sarragosse.	1,105 55	3 82
A reporter. . . .	2,960ᶜ 10ᶜ	7ʰ 10ᵃ

Report. . . .	2,960ᶠ 10ᶜ	7ᵇ 10ᶜ
3° A MM. Borgia	1,603 05	2 85
4° A M. Mollet.	666 »	2 36
5° A M. Tony.	86 »	» »
6° A M. Jacques.	465 10	1 67
7° A M. Benito.	1,254 45	3 09
8° A M. Briot	427 13	» 96
9° A MM. Salvador et Bier . . .	940 »	1 31
10° A M. Bordes.	407 65	» 88
		20ᵇ 22ᵃ
11° Aux colons de Marman. . . .	1,505 90	
Total.	10,315ᶠ 38ᶜ	

Et ce indépendamment de ce qui a été payé à part pour culture de garance.

Et 12° aux personnes travaillant à Ben-Negro 1,297 65

Total des avances faites par votre ancien agent aux colons ci-dessus indiqués, paraissant avoir cultivé 26 hectares 52 ares, 11,613 fr. 03 c., ci. 11,613ᶠ 03ᶜ

Votre ancien agent ayant cessé ses fonctions dans les premiers jours d'août, époque à laquelle les récoltes n'étaient pas encore opérées, M. Guyot, son successeur (en partie), dut continuer à faire de nouvelles avances à vos colons, et ces avances, d'après les indications par lui fournies le 24 novembre dernier, se seraient élevées à 5,592 fr. 92 c., ci. 5,592 92

A reporter. . . . 17,205ᶠ 95ᶜ

Report.   .   .   .   17,205f 95c

1° A M. Ronah.   .   .   1,171f »c

2° A M. Sarragosse .   943 50

3° A MM. Borgia .   .   808 30

4° A M. Mollet.   .   .   462 »

5° A M. Jacques .   .   409 »

6° A M. Benito.   .   .   891 »

7° A M. Briot .   .   .   235 14

8° A MM. Salvador et
    Bier 556 90

9° A M. Bordes .   .   116 08

Somme égale.   .   5,592f 92c

10° Aux colons de Marman.   .   .   1,375 25

Et 11° à ceux de Ben-Negro.   .   .   350 »

18,931f 20c

Ainsi, pour la culture de 26 hectares 52 ares de terres, vous avez fourni en avances de nourriture et d'entretien, à vos divers colons, une somme de 18,931 fr. 20 c., ce qui, en moyenne, donne plus de 700 fr. d'avances par chaque hectare.

Cette somme de 700 fr. doit être trop élevée ; ces avances ont dû manquer de prudence (mais vous n'avez pas à vous en prendre à votre nouvel agent : sa position était forcée, il lui fallait les continuer sous peine de voir déserter plusieurs de vos colons). Il fallait, pour récupérer les fonds déjà avancés, ne rien négliger pour assurer la récolte de ce qui avait été cultivé.

La preuve qu'il y a eu légèreté dans les avances faites, se trouve dans une lettre du 24 novembre dernier, dans laquelle M. Guyot annonce que les sieurs Benito et Bordes l'ont quitté, abandonnant leurs récoltes en échange des fonds à eux avancés; il estime qu'on perdra avec Benito. 800f

Et avec Bordes. 300

Total. 1,100f

Or, les avances faites à Benito pour la culture de 3 hectares 9 ares se sont élevées à. 2,145f 45c

Et à Bordes, pour une culture de 88 ares, à. . . 623 73

Total. 2,769f 18c

Par la même lettre, M. Guyot estime qu'on *gagnera peu* ou point sur les cultures faites par les sieurs Salvador et Briot, et par les colons de Marman, sur 5 hectares 94 ares de terres. Ces colons ont reçu, en avances, 5,040 fr. 32 c., savoir :

	Cultures.	Avances.
M. Salvador.	1h 31a	1,496f 90c
M. Briot.	» 96	662 27
Colons de Marman.	3 67	2,881 15
	5h 94a	5,040f 32c

Cependant, M. Guyot annonce avoir déjà livré : 1º 1,035 kilogrammes de tabac, sur la récolte de Salvador, au prix de 1,103 fr. 70 c., ci. 1,103f 70c

(Cette somme est à imputer sur les 1,496 fr. 90 c. qui lui ont été avancés.)

Puis il estime qu'il y a encore environ 1,200 fr. à faire du surplus des tabacs de ce colon, ci. . . 1,200 »

2,303f 70c

Si ces prévisions se réalisent et si on obtient ce chiffre de 2,303 fr. 70 c., on devrait prélever d'abord pour vos 2/5es. 921f 48c

Il resterait à M. Salvador pour ses 3/5es. . . . 1,382 22

Somme égale. 2,303f 70c

Comme on lui a avancé 1,496 fr. 90 c., vous perdriez avec lui sur les avances 114 fr. 68 c., plus les labours et frais de charriage de tabac.

2° 528 Kilogrammes de tabac, sur les cultures de Briot, au prix de 541 fr. 20 c., ci . . . . 541^f 20^c

Et il estime à 600 fr. la valeur de ce qui restait à livrer, ci. . . . . 600 ″

Total. . . . . . 1,141^f 20^c

Vos 2/5es à prélever sur cette somme donneraient. 456^f 48^c

Et les 3/5es de M. Briot. 684 72

Somme égale. . . . . 1,141^f 20^c

Comme M. Briot n'aurait que. . . . . . 684^f 72^c

Et comme il a reçu en avances. 662 27

Il ne resterait pour lui que. . . . . . . 22^f 45^c

Et 3° 1,469 kilogrammes de tabac, sur les cultures de Marman, au prix de 1,990 fr. 50 c., ci . . . . . 1,990^f 50^c

Et il estime à 700 fr. la valeur de ce qui reste à livrer, ci. . . . . 700 ″

2,690^f 50^c

A quoi il faudra ajouter le prix qu'on obtiendra des arachides.

Comme les avances faites aux colons de Marman vont à 2,881 fr. 15 c., à quoi il faut ajouter frais de labours, charriage, séchoirs, etc., il est présumable que la culture faite sur ce point se soldera encore par une perte.

DEUXIÈME SECTION.

Dans la section qui précède, je vous ai fait connaître les avances faites aux familles qu'on a employées pour vous, et la perte ou le peu de produits que vous devez espérer des travaux de plusieurs de ces familles ; je vous ai indiqué le mauvais côté de votre premier essai de culture, je vais, dans cette section, vous présenter, au contraire, le côté heureux de vos

travaux et les résultats considérables (relativement) obtenus
par ceux de vos colons qui ont été ou plus laborieux, ou plus
intelligents, ou dont les terres auront été mieux soignées. J'es-
père arriver ainsi à vous démontrer la nécessité et l'utilité de
la grande association qui fait l'objet de cette lettre.

Si j'ai débuté par les faits qui devaient vous inquiéter, j'arrive à ceux qui maintenant doivent exciter votre foi et vous
donner du courage.

A Ben-Negro (n° 14), on a cultivé 2 hectares 28 ares de
terres en tabac et 25 ares en coton (le temps a été contraire
au coton); on a avancé, aux personnes que vous avez occupées
sur ce point, 1,647 fr. 65 c.

A la fin de novembre, on avait livré 3,969 kilog. de tabac
payé par la régie. 4,442ᶠ 80ᶜ

On estimait qu'il en restait à livrer pour une
valeur de 800 fr. environ, ci. . . . . . . 800 »

5,242 80ᶜ

Il vous revient pour le tiers de ce produit. 1,414ᶠ 26ᶜ
Et à vos colons. 3,828 54

Somme égale. . . . 5,242ᶠ 80ᶜ
Sur la part revenant à ces colons et s'élevant à. 3,828ᶠ 54ᶜ
Il faut déduire pour avances à eux faites. . . 1,647 65

Il leur reste en bénéfice net. 2,180ᶠ 89ᶜ

Voilà, sans contredit, un produit énorme, bien capable de
provoquer toute votre attention et de nature à exciter vos
espérances.

L'essai que vous avez fait sur ce point a été bien profitable
pour vous, puisque la culture d'une si petite parcelle de terre
(2 hectares 28 ares) vous donne pour votre tiers 1,414 fr. 26 c.,
et que déduction faite des avances qu'ils ont reçues, par votre
intermédiaire, vos colons réalisent de leur côté un bénéfice de
2,180 fr. 89 c.

Mais à cette occasion, je dois vous faire remarquer que vos colons, à Ben-Negro, ont travaillé leurs terres à la pioche et à la bêche ; ils ont soigné leurs tabacs comme on soigne du jardinage. Vous aviez affaire à des hommes actifs, laborieux et intelligents que vous avez mis à même de gagner, par le fruit de leurs travaux, une somme relativement importante, tandis que ces mêmes travaux vous ont valu à vous-mêmes un produit qui n'en est pas moins certain, si considérable qu'il puisse vous paraître.

Maintenant que je vous ai parlé des cultures Ben-Negro, je passe à celles de l'Haouche-Kouche, par ceux de vos colons également laborieux et intelligents qui, au lieu de vous faire perdre vos avances ou de ne vous donner aucuns produits, ont au contraire bien cultivé :

1° M. Ronah a cultivé 3 hectares 38 ares de terres ; on lui a avancé 3,028 fr. 95 c. (près de 1,000 fr. par hectare, c'est trop en principe, mais il n'y a pas de danger à ces avances, lorsqu'elles sont faites à des gens vraiment laborieux, intelligents et honnêtes.

A la fin de novembre, on avait déjà livré 2,058 kilog. de tabac payés 2,114 fr., ci. 2,114ᶠ

On estimait à 4,800 fr. ce qu'il en avait encore à vendre, ci. 4,800
                                                                    ————
                                                                    6,914ᶠ

En admettant que les prévisions de M. Guyot sur les 4,800 fr. à obtenir encore se réalisent :

Cette culture de 3 hectares 38 ares vous donnerait en 1854 un bénéfice net de 2,765 fr. 60 c. pour vos 2/5ᵉˢ, ci. . . . . 2,765ᶠ 6)ᶜ

Et pour Ronah 3/5ᵉˢ, ou. 4,148 40
                                            ————
          Somme égale. . . . . 6,914ᶠ »ᶜ

Sur votre part de bénéfice (ou 2,765 fr. 60 c.), vous aurez, bien entendu, à déduire les frais de labour, ficelle et charriage de tabac de l'Haouche-Kouche à la manutention des tabacs. Ces frais allassent-ils à 500 fr., votre bénéfice net sera encore relativement énorme, puisqu'il sera produit par 3 hectares 38 ares de terre, dont la culture donnera au colon par vous employé le bénéfice net de 1,022 fr. 45 c., déduction faite de 3,025 fr. 95 c. pour avances. Ce colon aura vécu avec sa famille, et, à la fin de sa récolte, il sera à la tête d'un capital de plus de 1,000 fr. Vous l'aurez aidé à vivre, et cependant il vous aura valu un bénéfice que jamais vous n'eussiez pu espérer de 3 hectares 38 ares de vos terres cultivées intelligemment à l'Haouche-Kouche.

2° Les frères Borgia ont cultivé 2 hectares 85 ares de terres; on leur a avancé 2,411 fr. 55 c.

A la fin de novembre, on avait livré 1,931 kilog. de tabac, payés 2,306 fr. (ce qui prouve qu'ils devaient être de qualité supérieure), ci. 2,306ᶠ

On estime à 2,500 fr. ce qu'ils ont encore de tabacs à livrer, ci.   2,500

——————

4,806ᶠ

En admettant que les prévisions de M. Guyot se réalisent, il vous reviendrait pour vos 2/5ᵉˢ. .   1,922ᶠ 40ᶜ

Et 3/5ᵉˢ pour les frères Borgia de. . .   2,883 60

Somme égale. . . . .   4,806ᶠ »ᶜ

Dans ce cas encore et déduction faite des frais de labour, de charriage de tabac, la culture de 2 hectares 85 ares vous donnnera un bénéfice inespéré et vraiment considérable. Quant aux frères Borgia, en déduisant sur les 2,883 fr. 60 c., les 2,411 fr. 55 c. qui leur ont été avancés, il leur resterait net 472 fr. 05 c.

3° Jean Mollet a cultivé 2 hectares 36 ares de terres; on lui a avancé 1,128 fr.

A la fin de novembre, on avait livré 1,865 kil. de tabac, payés par la régie 2,015 fr. 20 c., ci . . . . . 2,015^f 20^c

On estimait à 1,600 fr. ce qu'il avait encore à livrer, ci. . . . . 1,600 »

Total . . . . 3,606^f 20^c

Dont 2/5es pour vous donneraient. 1,442^f 08^c

Et 3/5es pour lui. 2,163 12

Somme égale . . . . 3,605^f 20^c

Prélevant sur les 1,442 fr. 08 c. ci-dessus les frais de labour, de charriage, etc., votre part de bénéfice sur la culture de ces 2 hectares 36 ares de terre sera encore très-élevé. Quant à M. Mollet, il lui reviendrait. . . . . . . 2,163^f 12^c

En prélevant pour les avances à lui faites. . 1,128 »

Il lui resterait, nets. . . . . 1,035^f 12^c

4° Sarragosse a cultivé 3 hectares 82 ares de terres ; on lui a avancé 2,048 fr. 65 c. ; à la fin de novembre, on avait livré 1,909 kil. de tabac, au prix de 1,962 fr. 70 c., ci. . . . . 1,962^f 70^c

On estimait ce qui restait à livrer à. . . . . 2,100 »

4,062^f 70^c

Vos 2/5es donneront. . . . . . 1,625^f 08^c

Et pour Sarragosse, 3/5es ou. . . 2,437 62

Somme égale. . . . . 4,062^f 70^c

Sauf à prélever sur vos 1,625 fr. 08 c. frais de labour et charriage. A ce moyen, et en défalquant des 2,437 fr. 62 c., ci. . . . . 2,437^f 62^c

les 2,048 fr. 65 c. 2,048 65

avancés au sieur Sarragosse, son bénéfice direct n'est que de. . . . . 368^f 97^c

5° Le nommé Jacques a cultivé 1 hectare 67 ares de terres ;

on lui a avancé 874 fr. 10 c.; M. Guyot estime à 4,000 fr. ce qu'il a de tabacs à livrer, ci. . . . . 4,000^f

En admettant cette évaluation pour exacte, il vous reviendrait, pour vos 2/5es, la somme de. . 1,600^f

Et au sieur Jacques. 2,400

Somme égale. . . . . . . 4,000^f

En prélevant sur les 2,400 fr., ci . . . 2,400^f »^{c} revenant à ce colon, les 874 fr. 10 c. qu'on lui a avancés, ci. 874 10

Il lui resterait, net, en bénéfice, 1,525 fr. 90 c., ci. . . . . 1,525^f 90^c pour avoir cultivé un hectare 67 ares de terres!

Ainsi, à l'égard des six colons dont je viens de parler, colons qui ont cultivé ensemble 16 hectares 36 ares de terres, et si les prévisions de votre agent (sur la valeur des tabacs qui restent à vendre) se réalisent, vous obtiendrez un bénéfice de plus de 10,000 fr.! Déjà, pour les colons de Ben-Negro, ce bénéfice est réalisé, et pour ceux de Marman et de l'Haouche-Kouche on avait déjà livré pour 8,397 fr. 90 c. de tabac à la fin de novembre dernier, ce qui vous couvrait presque des avances à eux faites.

J'aurais été heureux de pouvoir, dès à présent, vous dire que, pour ces colons de Marman, leurs produits étaient livrés et payés, et que votre bénéfice *encaissé* s'élevait à ce chiffre d'environ 10,000 fr. Je ne puis invoquer que les documents qui se trouvent à votre secrétariat. (Si, avant le *tirage de cette lettre*, j'apprends la réalisation de nouvelles ventes de tabac, de manière à ce que le compte de ces colons ou de plusieurs d'entre eux puisse être apuré, je ne manquerai pas de vous l'indiquer par une note supplémentaire.)

Toutefois, il est impossible que vos bénéfices ne soient pas très-élevés, lors même qu'ils seraient inférieurs à 10,000 fr.

Votre agent n'a pu se tromper d'une manière bien considérable dans les évaluations par lui faites de ce qui reste à livrer de tabacs ; et la conclusion à tirer de ce qui précède, c'est qu'en cultivant bien et à temps, et en employant des hommes intelligents et laborieux, la culture peut donner seule des produits vraiment énormes, et pour les propriétaires, et pour les colons qu'ils emploient.

Il faut encore remarquer que ces produits annoncés pour 1854 vous seront arrivés sans que vous eussiez un matériel convenable... un laboureur chef qui vous fût bien connu... dont les travaux aient été bien faits et à temps *pour chaque colon*... que vous n'aviez pas une *seule* maison habitable à l'Haouche-Kouche, de façon qu'un colon pût s'installer avec sa famille d'une manière saine et commode ! Et cependant, à l'aide de ceux de ces colons plus intelligents ou plus laborieux que les autres qui se sont fixés sur l'Haouche-Kouche, vous obtiendrez des résultats magnifiques, et vous aurez fait vivre ces familles. Elles auront gagné de l'argent avec vous en vous en faisant gagner. Il y a plus, vous aurez encore été utiles même aux familles dont les cultures (d'après les prévisions de votre agent), ne doivent pas vous donner de bénéfice. Les avances que vous leur avez faites les auront mises à même de vivre, et si vous ne gagnez rien, au moins vous n'aurez pas (à deux exceptions près) de pertes à subir.

Vous aurez ainsi fait, en 1854, une grande expérience qui doit vous faire comprendre déjà à quels résultats on pourrait parvenir, si vous aviez des constructions sérieuses et habitables, des bâtiments ruraux pour avoir et loger des bestiaux, vos voitures, vos charrues. Et si à côté de colons comme ceux indiqués dans cette section, vous aviez des familles choisies par vous dans le pays de Caux, et à leur tête *un colon chef*, connaissant l'agriculture, et pouvant faire opérer et diriger les familles que vous grouperiez près de lui, et sous ses ordres.

Mais n'anticipons pas sur ce que je dirai au troisième chapitre de cette lettre, sur la nécessité de la formation d'une
société régulière avec un capital suffisant.

TROISIÈME SECTION.

Si le nerf de la guerre, c'est l'argent,... de l'argent et des
hommes,... l'argent et les bras sont aussi le nerf de l'agriculture.

Lorsqu'au mois de janvier 1854, on vous proposa de faire
un essai de culture personnelle, mais un essai restreint qui ne
dût pas excéder une dépense de 20,000 fr. ; on ne s'attendait
pas que votre ancien agent donnerait à ces cultures une étendue telle, que toutes vos prévisions seraient vite dépassées de
beaucoup, et que vous vous trouveriez dans la position forcée
de continuer ce qui avait été entrepris, sous peine de perdre
une notable partie de ce qui déjà était dépensé.

Dès le mois de mars, le capital disponible, que votre agent
avait encore aux mains pour vous, était épuisé, et deux de
vos cointéressés, qui se trouvaient à cette époque en Algérie,
durent mettre à sa disposition 2,000 fr. Les choses en étaient
là lorsque j'arrivai à Alger dans le mois d'avril.

Le 5 du même mois, votre agent avait écrit qu'il avait fait
faire 30 *hectares de tabac* à l'Haouche-Kouche; que le dimanche *précédent il les avait distribués aux colons ;* qu'avec
ses cultures à Marman et à Ben-Negro, il avait sur les bras la
plus grande exploitation de la plaine; qu'il fallait de l'argent, etc., etc. Je m'inquiétai tout naturellement pour vous
d'une entreprise agricole qui prenait des proportions qu'on
m'annonçait comme si considérables, etc., etc. Mais, de tous
côtés, j'entendis affirmer qu'il ne fallait pas s'en effrayer, que
les résultats en seraient satisfaisants : dans cette position, et
malgré d'autres embarras ou inquiétudes, dont je n'ai pas à
vous entretenir ici, j'écrivis à mes collègues du comité pour

3

leur indiquer la situation et la nécessité que plusieurs d'entre nous voulussent bien faire l'avance des fonds nécessaires à l'achèvement de l'entreprise ainsi commencée.

Il se passa un certain temps avant que j'eusse la confirmation qu'on adoptait mes idées à cet égard, et je quittai Alger avant même d'avoir reçu le crédit nécessaire à ouvrir chez M. Julienne, votre banquier, qui sur ma demande cependant voulut bien promettre de satisfaire, dans une mesure que je précisai, aux premières réclamations d'argent que pourrait faire votre agent, avant mon retour à Rouen.

Maintenant que sans vous rien dire des incertitudes et des ennuis de toute nature que j'eus à éprouver pendant mon dernier séjour à Alger pour vous, il me parait utile de vous faire connaître les dépenses générales faites, en votre nom, à l'occasion de ces cultures, et par votre ancien agent, jusqu'à la cessation de ses fonctions.

Il résulte des divers comptes par lui adressés à Rouen depuis le 1er janvier dernier, en extrayant tout ce qui a trait à vos travaux agricoles, ce qui suit :

Il aurait payé,

1o Pour votre matériel en bœufs, voitures, harnais, etc., 6,134 fr. 35 c.. . . . . 6,134f 35c

SAVOIR :

Le 16 janvier, 20 bœufs à 145 fr. par tête.. . . . . 2,900f »c
Le 15 février, 10 bœufs à 150 fr.   1,500 »
Le 28 février, charrues, herses, jougs, etc. . . . .   524 »
Le 15 mars, pour un chariot. .   356 »
Le 19 mai, pour 15 faulx pour faucher.. . . . .   75 »
Le 19 mai, 7 fourches. . . .   13 50

A reporter. . . .   5,368f 50c   6,134f 35c

Report. . . .	5,368ᶠ 50ᶜ	6,134ᶠ 35ᶜ

Le 13 mai, caisse pour botteler le foin. . . . . 50 »

Un deuxième chariot. . . . 500 »

Une clef anglaise. 14 20

Un câble. 59 40

Sept pierres à faulx. 1 75

Le 31 juillet, pour une romaine pour peser les tabacs. . . . . 30 »

Le 13 août, pour réparations au matériel. 57 50

Remplacement d'une roue de voiture. . . . . 45 »

Menues réparations. . . . 8 »

Somme égale. . . . 6,134ᶠ 35ᶜ

2° Pour labour à Kouche et à Marman, 2,929 fr. 15 c., ci. 2,929ᶠ 15ᶜ

SAVOIR :

Le 28 février 1854, à M. Féré. . 590ᶠ »ᶜ

Le même jour, au même. . . 336 »

Le 31 mars.. . . . . . . 728 »

Le 9 avril. . . . . 184 »

Le 30 avril. 704 10

Le 9 mai. 262 05

Le 9 mai, à un Arabe. . . . 50 »

Et le 15 août, pour hersage de terre à Marman. . . . . . . 75 »

Somme égale. . . . 2,929ᶠ 15ᶜ

3° Pour travaux relatifs aux 25 ares de ga—

À reporter. . . . 9,063ᶠ 50ᶜ

Report. . . .	9,063ᶠ 50ᶜ

rance qu'il a fait faire pour vous à Marman, 461 fr. 20 c., ci. 461 20

SAVOIR :

Le 9 avril, pour graine de garance.	120ᶠ „ᶜ
Le 9 avril, pour 66 journées de travaux.	165 „
Le 8 mai, pour 20 journées de travaux.	70 „
Le 30 mai, pour nouvel achat de graine	30 „
Pour travaux	24 „
Et plus tard, encore pour travaux.	52 20

Somme égale. . . . 461ᶠ 20ᶜ

4° Pour travaux de canaux d'irrigation, bâtardeau, défrichements et 2 petits ponts, 831 fr. 25 c., ci. 831 25

SAVOIR :

Le 30 janvier, à M. Féré, pour un canal.	37ᶠ „ᶜ
Le 31 mars, pour défrichements. .	113 50
Le 9 avril, pour journées de travaux, à M. Ronah.	184 „
Le 30 avril, pour canaux . . .	63 „
Le 9 mai, pour canaux	36 25
Le 13 mai, un canal pour Sarragosse (colon)	48 „
Pour 3 jours de travaux. . . .	9 „
Pour un canal à Marman. . . .	55 „
Un canal pour Bordes (colon) . .	12 „

A reporter. . . . 300ᶠ 00ᶜ   10,355ᶠ 95ᶜ

Report. . . . 380ᶠ 00ᶜ 10,355ᶠ 95ᶜ

Le 31 juillet, bâtardeau pour Jacques (colon). . . . . 32 »

Le 15 août, pour bâtardeau. . . .60 »

Pour 2 petits ponts. . . . . . 35 »

Pour 59 jours de défrichements. . 146 50

Somme égale. . . . 831ᶠ 25ᶜ

5ᵉ A un sieur Tony (que vous deviez croire
cultiver 3 hectares de tabac, mais qui ne paraît
pas s'en être occupé), pour journées de travaux,
291 fr. 50 c., savoir : le 13 mai, 105 fr., et le
31 juillet, 186 fr. 50 c., ci. 291 50

6° Pour labours et ensemencement de graine
de tabac, 309 fr., ci. . . . . 309 »

SAVOIR :

Le 30 janvier 1854, à M. Féré, pour labours. 75ᶠ

Le 15 février, à M. Ronah, pour travaux. 234

Somme égale. 309ᶠ

7° Le 6 avril, pour graines d'arachides pour
Marman, 130 fr., ci. . . . . . 130ᶠ »ᶜ

8° Les 13 mai et 10 juillet, pour
plants de tabac (cette plantation était
bien tardive), 71 fr. 50 c., ci. . . 71 50

Total. 201ᶠ 50ᶜ 201 50

9° Pour frais de baraquements à Kouche et
à Marman, 1,350 fr. 40 c., ci. 1,350 40

A reporter. . . . 12,508ᶠ 35ᶜ

premier matériel agricole ; il s'agira pour vous de l'augmenter et de le placer dans des mains qui vous paraissent sûres et capables de l'utiliser à votre profit et dans l'intérêt de petits colons que vous devriez vous attacher. Ce que vous avez à cet égard est insuffisant. (Je m'en expliquerai dans le troisième chapitre, auquel il me tarde d'arriver.)

Mais avant d'en terminer sur ce qui a trait à votre acquisition de matériel actuel et aux labours annoncés avoir été payés en votre nom 2,929 fr. 15 c. (article 2 du décompte qui précède), je crois devoir vous faire encore les réflexions suivantes :

1° Au mois de mai dernier, et (d'après ce qui m'avait été dit), j'avais trouvé que vos bœufs, payés à raison de 145 fr. les vingt premiers et de 150 fr. les dix derniers, avaient été achetés par un prix un peu élevé.

Cet achat n'a pas été heureux pour vous, car on en a déjà vendu sept : l'un, 85 fr., et six autres, 110 fr. ; un huitième n'a été vendu que pour sa peau, dont on a obtenu 20 fr. Le défaut d'étables et le travail ont pu, sans aucun doute, causer cette dépréciation si considérable, eu égard au prix d'achat.

Il paraît qu'un jeune bœuf (il était bon sans doute) vous aurait été volé dans le mois de juillet ou dans le mois d'août dernier ; il serait utile d'en informer M. le procureur impérial à Blidah, pour qu'il fasse venir le gardien, à qui l'on a payé 60 fr. dans le mois de juillet et dont la garderie vous a si peu profité. M. Guyot a acheté trois autres bœufs au prix de 120 fr. chacun ;

2° Au 5 avril dernier, on vous annonçait 30 hectares de culture à Kouche ; au 12 mai suivant, votre ancien agent et M. Féré portaient à 33 hectares les cultures qui auraient été faites sur cette propriété pour y faire du tabac à l'aide de vos colons. Déjà, à cette époque, on comptait en dépenses de labours 2,854 fr. (Voir le détail au décompte n° 2 ci-dessus),

car ce n'est que le 15 août suivant qu'on aurait payé 75 fr.
pour hersage de terre à Marman. Maintenant, il paraît qu'on
n'aurait cultivé que 20 hectares 32 ares de terres en tabac à
Kouche; et au 12 mai, on me disait que vos frais de labours
ne dépasseraient pas 70 fr. par hectare, puisqu'on avait vos
bœufs et vos charrues. Il serait bon, dès lors, de faire expliquer, et votre ancien agent et M. Féré, car il n'y a aucun
rapport entre les labours faits et ceux annoncés, ni même
avec les 2,929 fr. 15 c. qu'on aurait payés. On serait trop
loin ainsi de 70 fr. pour les labours à Kouche, et de 36 fr. à
Marman.

Le fait a besoin d'une explication. Il serait bon, en même
temps, de faire comparer sur les lieux mêmes la nature des
travaux qu'on a exécutés avec les deux sommes de 831 fr. 35 c.
et 291 fr., indiquées sous les articles 4 et 5 du décompte qui
précède. Je m'en tiens là à ce sujet pour ne pas m'éloigner du
but de cette lettre.

CHAPITRE TROISIÈME ET DERNIER.

PREMIÈRE SECTION.

Observations générales.

Dans la deuxième section du chapitre deux, je vous ai indiqué comme motifs de confiance dans l'avenir algérien, et la
richesse de son sol, et les produits extraordinaires obtenus par
vos colons à Ben-Negro (n° 14) et à l'Haouche-Kouche. Ces
produits et la part qui vous en revient, sur une étendue de
16 hectares 36 ares de terre, doivent vous laisser apercevoir
à quels résultats on pourrait arriver en suivant un mode à peu
près uniforme pour utiliser, non pas 16 hectares, mais 150 à
200 hectares de vos terres à Kouche (n° 46) et à Kodjaberry
(n° 49). Or, vous avez maintenant dans les mains et à votre
disposition plus de 1,000 hectares de terres...; donc, il vous

suffirait de vouloir ou d'en aider les moyens pour arriver à des revenus qui bientôt vous feraient oublier vos sacrifices depuis 1835, sacrifices dont vous finiriez par être récompensés !

Si, au lieu de vous borner à la culture du tabac, vous mettiez des agents agricoles *de votre choix* à même de s'occuper (sous la surveillance de vos représentants en Algérie) de l'engrais ou de l'élève des bestiaux ; si vous les mettiez à même de s'occuper de culture de garance, votre opération de 1835, de mauvaise, de *très-mauvaise qu'elle a été longtemps,* finirait par devenir excellente, malgré *toutes les friponneries dont vous avez été victimes !*

Demandez à ceux qui s'occupent d'élever des bestiaux ce qu'ils avaient à leur début dans la carrière. Rien ou à peu près. C'est l'histoire du plus grand nombre, et vous en avez un pour fermier (au n° 49) qui est maintenant un des plus riches propriétaires de l'Algérie. Vous avez eu pour fermier de partie du n° 5, un autre éleveur qui a commencé et réussi de même.

En 1854, on a loué à Bouffarik (ville peu éloignée de vos propriétés n°ˢ 46 et 49) des terres pour y faire du tabac, depuis 100 *fr.* jusqu'à 200 *fr. l'hectare.* Il y a peu d'années on eût eu pour ce loyer de 200 fr. *la propriété absolue de plusieurs hectares de terre ;* mais depuis la culture a marché, des familles ouvrières, sobres, religieuses et intelligentes sont venues se fixer à Bouffarik ; elles y vivent heureuses ; elles ont fait la fortune de ceux dont elles ont cultivé les terres, et déjà bon nombre de ces familles ont conquis l'aisance.

Il y a moins de cinq ans, un propriétaire de Lyon, qui avait dépensé 30 à 40,000 fr. en acquisitions de terres à Bouffarik et dans le voisinage, fatigué du peu de résultats qu'il obtenait et des difficultés que lui valaient ses propriétés, s'y rendit pour s'en défaire, prêt à perdre une partie notable de ce qu'il avait dépensé. Sa bonne étoile le servit : il ne trouva pas le prix qu'il désirait obtenir; il fit choix de deux ou trois familles mahonnaises, il se chargea de les loger, de faire labourer leurs terres. Il a maintenant un revenu de plus de 12,000 fr. par an de biens qu'il eût vendus pour moins de 25,000 fr. Plusieurs de ses colons partiaires sont devenus des fermiers dans l'acception du mot, ayant à eux, *avec un bail*, tout ce qui constitue le mobilier d'une ferme en bestiaux, voitures, etc. (1)

Au mois d'août dernier; un autre propriétaire de Lyon (qu'il habite), possédant au village de l'Arba (*Mitidja*) une terre de 345 hectares (j'avais eu l'occasion de le voir à mon dernier voyage pour me renseigner près de lui), m'écrivait qu'après avoir établi une cour carrée de 80 mètres, autour de laquelle il avait élevé des habitations pour les familles, des hangars, des écuries, un four et un puits, il avait avancé, à la fin de 1851, à un colon qu'on lui avait présenté comme honnête et capable, une somme de 25,000 fr. En 1853, il avait reçu 16,000 sur ses avances. En 1854, son fermier était libéré, et avait à lui, en mobilier et bestiaux, une valeur de plus de 30,000 fr. Il avait environ 200 têtes de gros bétail qui, outre l'engrais, lui donnaient de beaux produits dont la nourriture était prise sur la propriété. Il entretenait 40 ou 50 vaches, et à l'Arba il trouvait à vendre le lait à raison de 25 c. le litre, et le beurre à raison de 1 fr. 50 c. le demi-kilog. (Ces prix sont bien plus élevés à Alger, dont l'Arba est éloigné de 24 kilomètres au moins.)

Ainsi, en trois ans à peine, voilà un fermier qui se libère de 25,000 fr. qu'on lui avait prêtés, et qui se trouve propriétaire d'un mobilier agricole de plus de 30,000 fr.

Lisez bien, et jugez donc par vous-mêmes tout ce qu'il serait

---

(1) Vous avez maintenant pour fermiers, à Ben-Negro (n° 14), une famille venue de Ruillier-sur-Loire, arrondissement de Saint-Calais. Ces braves gens, après avoir commencé, il y a peu d'années, à être *colons partiaires,* ont économisé un capital suffisant pour s'établir à leur compte exclusif sur votre propriété.

possible d'obtenir de ce que vous possédez dans la Mitidja par les indications qui précèdent ; et pour corroborer votre foi , n'oubliez pas que dès l'année 1853, le même colon Ronah , dont j'ai plusieurs fois cité le nom , ayant cultivé à Kouche (n° 46) 1 hectare 60 ares de tabac pour son début, il vous revint à vous , pour *votre quart* (d'après ce qu'en écrivit alors votre agent et ce qui résulte de ses comptes) de cette petite exploitation , *tous vos frais déduits* , 381 fr. Et c'était votre premier essai !

DEUXIÈME SECTION.

Pour réussir en Algérie , il vous faut de l'argent... , des bras,... de l'unité de vues et de but..., une direction forte qui ne soit pas arrêtée ou embarrassée à chaque pas. Jusqu'à ce jour, vous n'avez rien pu réunir de ces conditions indispensables de succès.

Il est vrai qu'avant de songer à bâtir, à cultiver, à coloniser, il fallait d'abord vous reconnaître, et savoir si , *oui* ou *non,* vous auriez enfin une parcelle des domaines qu'on vous avait vendus et annoncé avoir des contenances considérables.

Depuis bien des années , tous vos efforts ont consisté à vous débattre au milieu de toutes les friponneries sous lesquelles vous eussiez fini par succomber, si vous aviez apporté moins d'énergie et de persévérance dans votre défense.

Questions de délimitations, de réduction de rentes, de validité ou d'invalidité de contrats , questions d'indemnités ou d'échanges avec l'administration, rien ne vous a manqué, et si la lumière est faite pour une portion de vos biens , vous n'êtes pas parvenus au terme de vos soucis pour le surplus.

Toutefois , vous avez maintenant d'une manière irréfragable 19 propriétés dont la contenance dépasse 1,000 hectares. Parmi ces propriétés , il en est 3 (celles portant les n°s 12 , 46 et 49) qui , par leur étendue et leur situation , méritent qu'on songe à les utiliser, car c'est dans ces propriétés que vous trouverez la large compensation à tous vos sacrifices passés, en sachant en faire de nouveaux pour mettre en valeur ces mêmes propriétés.

Jusqu'à ce jour, votre comité a marché au milieu de tiraillements, d'ennuis qui souvent lui ont fait désirer son remplacement ; aussi, dans la réunion du 5 de ce mois, vous a-t-il annoncé *la volonté ferme de donner sa démission, et l'indispensable nécessité* pour vous de former une société régulière avec un gérant qui pût avoir ses allures plus libres, par cela même que cette société régulière arriverait seule à fusionner complétement vos intérêts, et à faire de chacun de vous un corps n'ayant qu'une tête, qu'une volonté et un seul et même but.

On a compris le besoin de cette formation de société et plusieurs de vos collègues en ont présenté un projet que vous allez recevoir, afin de l'examiner.

C'est à cette occasion que je disais, le 5 de ce mois, à ceux d'entre vous qui s'étaient rendus à votre assemblée générale, que ce projet était insuffisant, qu'il ne vous conduirait ni à avoir de l'argent, ni à avoir des bras, ni à créer l'unité, ni à faire rien de vraiment utile pour vous. Qu'au contraire, il vous fallait vous constituer sur une *base large* qui vous permît de réunir un capital suffisant, comme *seul et véritable levier* de votre société, et de recourir à l'emploi de familles normandes, comme moyen unique de rendre votre opération profitable et honorable pour vous, en même temps qu'elle servirait les intérêts de votre département, en créant un commencement de dérivation de familles d'ouvriers du pays de Caux en faveur de l'Algérie, où ils échangeraient leur misère actuelle contre l'aisance.

C'est cette idée (objet unique de cette lettre) que je viens vous exposer.

TROISIÈME SECTION.

Question d'argent.

Avant de songer à se procurer de bonnes familles de colons normands et pour obtenir même des familles mahonnaises à ajouter celles que vous avez déjà à l'Haouche-Kouche, il faudrait bâtir des logements, des écuries, des hangars, etc., etc.; il faudrait un matériel convenable en bestiaux, voitures, charrues, etc., etc. Or, de l'argent, votre comité n'en a pas et plusieurs d'entre vous n'ont pas assez de foi dans l'avenir de l'Algérie pour donner, chacun pour son 66me, une somme assez forte pour former un capital à l'aide duquel on puisse résolûment entreprendre de bâtir, améliorer et cultiver, et de se procurer des bras sur lesquels vous puissiez compter.

Il y a lieu d'espérer qu'avant peu de temps, l'administration, faisant droit à vos justes réclamations, vous abandonnera sa part de l'Haouche-Kouche (moins ce qui sera réservé pour le sieur Retournat), de manière que vous puissiez seuls disposer à votre gré de cette terre et l'utiliser avec celle de Bou-Amara qui y est contiguë. Vous aurez là, d'un seul morceau, plus de 380 hectares de terres à mettre en valeur.

Lors même (ce qui me paraît impossible, *surtout* en formant une société sérieuse) que vous ne parviendriez pas à traiter avec l'État et que vous devriez vous contenter de votre moitié de l'Haouche-Kouche, cette moitié, jointe à Bou-Amara, vous mettrait encore sous la main plus de 220 hectares de terre à utiliser, plus 404 hectares à Kodjaberry (n° 49), et 300 hectares environ à Marman (n° 12).

A mes yeux, et avec la ferme espérance que l'administration vous cédera ses droits sur sa part de l'Haouche-Kouche et le parc, c'est là où vous devez porter votre premier effort, mais un effort sérieux et complet.

Il existe sur cette propriété quatre grands bâtiments ayant

chacun 64 mètres 50 centimètres, sur 7 mètres 20 centimètres ; ces bâtiments, placés sur un assez vaste terrain entouré de grands fossés, sont couverts en tuiles et peuvent être, avec une dépense de 10 à 15,000 fr. au plus, convertis en logements sains et très-convenables pour six familles de colons normands.

L'Oued-Laleig, très-rapproché de ces bâtiments, fournirait l'eau nécessaire au besoin de vos familles et de vos bestiaux.

Dans ces quatre grands hangars, on disposerait des logements pour cinq ou six familles mahonnaises, qui continueraient de cultiver provisoirement, comme elles l'ont fait en 1854, et vous improviseriez ainsi un hameau ou un vrai centre de population qui augmenterait celle du village de l'Oued-Laleig qui en est éloigné d'un kilomètre à peu près.

Les planches dont on s'est servi, en 1854, pour faire des abris provisoires pour vos colons mahonnais, seraient employées dans les refends que vos constructions nouvelles nécessiteraient.

La proximité du village de l'Oued-Laleig et de la ville de Blidah, qui se trouve à 7 kilomètres environ, mettrait vos familles à même de se procurer facilement tout ce qui serait utile à leurs besoins, et leur réunion sur un point circonscrit ne permettrait pas le moindre sentiment de crainte aux familles normandes que vous y installeriez.

A votre matériel actuel, dont la valeur paraît être de 6 à 7,000 fr., vous en ajouteriez un nouveau en bœufs, vaches, truies, chevaux et une machine à battre le blé, le tout pour une valeur de 7,000 fr. A ce moyen, vous auriez sous la main les moyens de faire à *temps* de bons labours pour vos familles mahonnaises et d'en faire aussi d'autres pour occuper vos familles normandes aux céréales et au tabac qu'elles feraient pour votre compte, sous une direction et dans des conditions que j'expliquerai bientôt.

Il conviendrait d'avoir en réserve 14 à 15,000 fr. pour les

avances à faire à vos familles mahonnaises, et autant pour alimenter et assurer un traitement fixe à vos familles normandes, afin qu'en partant elles sachent déjà qu'elles peuvent être tranquilles sur l'avenir qu'on voudrait leur préparer.

A cet égard, et pour remplir le but que je viens vous exposer, il faudrait, pour l'Haouche-Kouche, disposer de 50,000 fr. au moins et 60,000 fr. au plus. Du reste, vous devrez remarquer que les 15,000 fr. à mettre en réserve pour les familles mahonnaises ne constitueraient qu'une simple avance, dans laquelle vous rentreriez, comme on le fera cette année pour les colons dont j'ai parlé dans la deuxième section du chapitre deux ci-dessus.

Je vous indiquerai bientôt les bénéfices que vous réaliseriez en sachant faire les sacrifices convenables, pour appliquer ce capital de 50 à 60,000 fr. à l'Haouche-Kouche.

Dans ma conviction, il conviendrait d'agir de suite et de la même manière sur la terre Kodjaberry (n° 49); l'emplacement de cette propriété, sur le versant du Sahel et traversé par la grande route d'Alger à Koleah, serait, sous le rapport de la salubrité, à l'abri de toute préoccupation, à cause des familles normandes qu'il s'agirait d'employer; mais la dépense à faire sur ce point serait plus considérable, car, à part un grand hangar en planches, tout serait à créer.

Pour ne pas exiger un capital qui pourrait vous effrayer, il faudrait, au début, agir pour y employer 35 à 40,000 fr. Avec le temps et à même les bénéfices que *vous seriez assurés de réaliser*, vous compléteriez les dépenses nécessaires pour obtenir de cette terre tous les avantages que vous avez le droit d'en attendre.

Partant, et pour faire de l'utile, de l'indispensable et de l'honorable pour vous, et du profitable à notre département, il vous faudrait pouvoir disposer de 100,000 fr.

Or, vous n'avez rien... qu'un commencement de matériel, car ce qui vous est dû par l'État, ce qui est dû par plusieurs de

vos cointéressés, ce qui est à revenir de vos cultures de
1854, etc., etc., je le considère comme devant servir à vous
libérer de ce que vous devez pour les avances faites en 1854,
par plusieurs de vos cointéressés pour vos cultures et des
rentes à la charge *des propriétés qui sont irrévocablement à
vous,* et désignées dans la première section du chapitre premier de cette lettre; l'excédant serait d'ailleurs à ajouter au
capital qu'il s'agirait de former, pour se livrer à des constructions et à la culture sérieuse sur les n°s 46 et 49 de vos biens.
Ce ne serait que plus tard qu'on devrait songer à Marman,
n° 12.

QUATRIÈME SECTION.

De la nécessité de familles normandes.

Il ne vous suffit pas de disposer des logements et d'avoir un
matériel, il vous faut encore et indispensablement, dans votre
intérêt et pour rendre votre entreprise honorable, recourir à
des familles normandes; je vais de suite essayer de vous le
démontrer.

Votre représentant en Algérie ne peut être un chef de culture; lors même qu'il aurait les connaissances nécessaires, il
ne pourrait, sans de graves inconvénients pour vos autres affaires, s'installer d'une manière absolue, soit à *Kouche*, soit à
Kodjaberry, pour diriger des laboureurs, des planteurs de tabacs, la récolte des foins, des céréales, du tabac et les ventes
à faire, car alors il lui faudrait forcément concentrer toute son
activité sur un point et négliger tous les autres.

Sans faire de vous de grands cultivateurs (car s'il en était
ainsi, j'aurais à indiquer un mode de procéder tout différent,
qui serait plus avantageux peut-être, mais qui nécessiterait un
capital plus considérable), il faut cependant que vous arriviez
à cultiver un peu et *à former un centre ou plutôt une pépinière
de cultivateurs.* Il vous faut donc, quoique sur une échelle

4

plus modeste, une direction à ce centre, mais une direction permanente et qui réside toujours, soit à l'Haouche-Kouche, soit à Kodjaberry, sur les deux points où il s'agirait d'opérer.

Cette direction doit avoir ses allures directes, son action personnelle de tous les instants, sauf la haute surveillance (et le plus souvent possible) de vos représentants en Algérie, mais de manière cependant que vos autres intérêts n'en souffrent pas et qu'on puisse songer à vos autres biens, à leur location, à leur entretien, à vos procès, à vos réclamations à l'administration, etc., etc.

Enfin, il faut, au-dessous de votre représentant, un véritable agent de cultures, soit à Kouche, soit à Kodjaberry, et près de ces agents et avec ces agents des familles avec lesquelles ils travailleraient tout en les dirigeant.

Ces agents et ces familles, vous devez les prendre dans la Seine-Inférieure, afin *d'avoir des gens à vous, sur lesquels vous puissiez compter*, tout en contribuant à leur assurer l'aisance.

A cette occasion, il est utile de vous expliquer ce qui a eu lieu à l'Haouche-Kouche, pour vos premiers essais de culture.

En 1852, M. Retournat, obéissant à une pression qu'il ne m'a pas été donné de découvrir, cessa d'être votre fermier. Pour s'en assurer un et ne pas déserter une terre dont on vous avait tenus éloignés si longtemps, votre ancien agent (et il fit bien à cet égard), s'adressa au sieur Féré pour vous en faire un fermier ; il lui improvisa une *misérable baraque*, dans laquelle il l'installa en votre nom, et pour aider ce fermier, on lui avança 1,648 fr. pour se procurer un chariot, des bœufs et se livrer (avait-on écrit) à des cultures spéciales.

Le loyer stipulé avec M. Féré était de 1,000 fr. par an, *le même que son beau-père, M. Retournat, payait avant lui ;* il devait, à ce prix, occuper la même quantité de terres que son prédécesseur, et il se trouvait en même temps constitué *métayer* ou colon à demi-fruit de tout ce qu'il n'occupait pas comme fermier.

Cette dernière stipulation peut paraître trop large peut-être, à raison des avantages qu'elle a produits à M. Féré, mais c'était, a-t-on dit, *le seul moyen de vous l'attacher.*

En 1853, votre ancien agent loua, pour la cavalerie de Blidah, le pâturage d'une portion des prairies de Kouche, et on reçut pour ce pâturage 1,601 fr. 40 c. Dans la même année, il s'entendit avec M. *Ronah* pour faire un essai de culture de tabac sur 1 hectare 60 ares de terre, à la condition qu'on ferait les labours, et plus tard le transport des tabacs qu'on récolterait, parce que M. Ronah aurait la moitié du produit qui serait obtenu ; que quant à vous, vous en auriez un quart, et M. Féré l'autre quart.

Ce n'est pas tout : il paraît que, pour décider M. Féré à devenir votre fermier, on lui avait promis (d'après ce qu'a dit votre ancien agent) les pâturages à son profit de vos prairies depuis le mois d'octobre 1852, etc., etc.

De ces diverses combinaisons *plus ou moins raisonnables*, il est résulté ce qui suit :

M. Féré a reçu pour son compte personnel : 1° d'un M. Chalard, pour pâturage de bœufs, 400 fr. (C'est un fait que j'ai appris au mois de mai dernier SEULEMENT.) ci. 400ᶠ nᶜ

2° De M. Hancourt, pour moitié d'un droit de pâturage de ses bestiaux . . . . 125 »

3° 800 fr. 80 c. pour moitié de la somme payée par M. l'intendant militaire à Blidah, pour pâturage des chevaux de la garnison. 800 80

4° Les 1ᵉʳ et 2 octobre 1853, et les 6 et 29 janvier 1854, 452 fr. pour son *quart* dans le produit des tabacs faits pour M. Ronah, ci. . . . . 452 »

Total. 1,777ᶠ 80ᶜ

Ainsi, sans bourse délier et au moyen de ce qu'on lui avait loué au prix de 1,000 fr. la portion de terre que M. Retournat avait occupée jusqu'au 1ᵉʳ octobre 1852, M. Féré s'est trouvé gagner 1,777 fr., indépendamment de ce qu'il a dû obtenir du produit de ses récoltes personnelles sur les terres à lui louées, et pour lesquelles on lui avait avancé en votre nom 1,648 fr. pour l'aider.

Ce n'est pas tout encore; on a payé à M. Féré 142 fr. pour labour de terres cultivées par M. Ronah, et charriage de ses produits; il eût dû, tout naturellement, supporter un quart de cette dépense qui lui avait valu, pour son quart, un produit de 452 fr. (Art. 4 du compte ci-dessus.) Cependant, votre agent n'a pas cru devoir en agir ainsi; il vous fait supporter les frais à vous seuls, *même* 89 fr. 45 c. qu'il aurait dépensés à l'occasion du pâturage des chevaux de la garnison de Blidah. A cet égard, M. Féré a les bénéfices nets; pour vous, vous supportez seuls les charges.

Ce mode d'opérer pourra vous étonner; je n'ai pas à le combattre ou à le justifier; je vous l'indique pour vous conduire à reconnaître le *besoin absolu et impérieux d'un gérant agricole à vous,* et ne vivant pas trop à vos dépens.

Lorsqu'à la fin de 1853, votre ancien agent songea à vous faire cultivateurs directs (ce dont il vous informa en janvier 1854 seulement), il eût dû tout naturellement formuler avec M. Féré les conditions positives auxquelles il continuerait de résider à Kouche (pour y occuper les *terres* que M. *Retournat* avait tenues de vous jusqu'en 1852), et ferait les labours nécessaires pour les colons partiaires qu'il voulait vous donner, le tout eu égard au matériel en bœufs, charrues, etc., qu'il se proposait d'acheter en votre nom.

Il n'en fut pas ainsi cependant, *d'après* ce qui me fut déclaré au mois de mai, époque à laquelle, pour me rassurer, on m'affirma que le prix des labours ne dépasserait pas 70 fr. par hectare à l'Haouche-Kouche, etc., etc.

Quant aux foins, comme je voyais du danger à ce qu'on les fît à votre compte et *à la journée*, etc., etc., je proposai à M. Féré de les faire à moitié fruits, moyen qu'il accepta, et à l'aide duquel il se chargea des frais de fauchage, fanage et de transport, en recourant, au besoin, à votre matériel en bœufs et voitures.

Quant au *prix de fermage,* il me paraissait tout naturel qu'il payât comme l'année précédente, sur le prix de 1,000 fr. Mais on ne put obtenir que la promesse (*et sauf votre acceptation*) que, pour loyer, il payerait le cinquième du produit qu'il obtiendrait de ses céréales. Cette promesse, il la faisait le jour même où il portait à 33 *hectares* avec votre ancien agent, les cultures faites à Kouche. Il ne paraît pas même, dans le compte qu'on a essayé de faire il y a peu de temps avec M. Féré, qu'il ait songé à cette promesse, etc., etc.

A ce sujet, je ne vais pas plus loin, car il faudrait entrer dans une discussion étrangère au but que je me propose : mais j'observe que M. Féré ne peut être pour vous un chef de culture pouvant satisfaire aux conditions que vous devez désirer, pour lui confier l'administration de l'Haouche-Kouche dans les proportions qu'il s'agirait de lui donner. Qu'on lui en loue une part déterminée, 20 à 25 hectares, pour un temps donné, cela concerne votre représentant; mais la question n'est pas là.

Pour vous, il vous faut un cultivateur dirigeant, qui soit de *votre* choix, qui ait *votre* confiance, et sous *les auspices duquel vous* puissiez grouper cinq ou six autres familles prises, comme lui, dans la Seine-Inférieure ; à ce moyen, vous aurez des auxiliaires que vous connaitrez, qui auront des relations directes avec vous, indépendamment de celles qu'elles devront avoir avec votre représentant, qui aura sur elles la haute main et la direction supérieure.

Avec ces familles normandes, vous ferez des cultures directes, vous récolterez vos foins, vous en ferez les transports..., vous ferez labourer des terres pour vos colons partiaires, pour y faire du tabac, du coton ou des arachides; vous transporterez leurs produits, etc., etc., puis vous pourrez faire pour votre compte personnel des récoltes de tabac; vous en aurez les

produits et ceux de vos bœufs, vaches, etc., etc., qui recevront les soins convenables dans les bâtiments que vous aurez
préparés *ad hoc...*

Ces familles ne vous manqueront pas dès que vous *aurez,
par un capital social, réalisé* les moyens de bâtir et d'utiliser
vos biens ; que vous leur assurerez des avantages qui les atti-
reront près de vous, et que je vais expliquer dans la section
suivante.

CINQUIÈME SECTION.

Nécessité de familles normandes. Position à leur donner.

S'il s'agissait de faire en votre nom de vastes exploitations
agricoles, les choix à faire pourraient présenter une certaine
difficulté, car pour se livrer en grand à l'élève des bestiaux,
avoir de grands troupeaux de moutons, s'occuper de plantations, de cultures variées et étendues, il faudrait un homme
spécial à la hauteur d'une semblable entreprise, et vous ins-
pirant assez de confiance pour qu'on pût mettre à sa disposition (*après avoir bâti tout ce qui serait nécessaire*) un capital
considérable. Or, il ne s'agit pour vous de rien de pareil,
mais seulement de continuer, avec esprit de suite, avec prudence, ce qui a été commencé en 1854, de préparer la route
à de nouveaux colons espagnols, et surtout à d'autres familles
normandes, pour venir se fixer sur vos propriétés.

Il s'agit de trouver, pour Kouche d'abord, six familles, et
ensuite six autres pour Kodjaberry, afin de former deux
groupes séparés, et de choisir, dans chacun de ces deux
groupes, l'homme le plus intelligent qu'on trouvera pour
prendre la direction de ses compagnons de travail, qui consis-
teront d'abord à labourer 20 à 30 hectares de terres pour vos
colons espagnols, s'ils peuvent les utiliser en plantations de
tabac.

Cette opération occupera deux ou trois de vos colons cultivaleurs, avec trois enfants de l'âge de quatorze à seize ans, pour piquer les bœufs qu'on emploiera au labourage.

Comme je suppose que, dans ces six familles, on trouvera au moins trois ou quatre jeunes gens de l'âge de dix-huit à vingt ans, sachant aussi labourer comme leurs pères, on les occupera à labourer, de leur côté, avec les autres colons, 40 à 50 hectares d'autres terres, où l'on fera 25 à 30 hectares de céréales de toute espèce, et des pommes de terre, et, s'il est possible, 18 à 20 hectares de tabac, de coton ou d'arachides.

Les femmes de vos colons, et leurs enfants assez forts pour cela, s'occuperont de planter le tabac, et plus tard de le biner, de le sarcler, puis aux mois d'août, septembre, lors de la récolte, d'en faire des paquets, de les placer dans les séchoirs, travaux qui leur seront faciles.

Après les labours pour les tabacs et les céréales, viendra au mois de mai la récolte des foins; le fauchage occupera les hommes et le fanage occupera les femmes et les enfants. On aura fini pour les foins avant d'arriver aux céréales, et d'ailleurs on trouvera peut-être à occuper à la journée une portion de vos colons espagnols, que les soins à donner à leurs tabacs ne retiendraient pas constamment. Enfin, et pour le cas de nécessité, le directeur de chaque groupe réclamerait le secours d'ouvriers voisins.

A Kouche, on trouverait sans doute à louer pour le pacage de la cavalerie de Blidah (comme cela a lieu depuis plusieurs années), une portion de vos prairies.

Quant au directeur de cette exploitation, sa femme serait chargée de préparer la nourriture en commun de vos familles normandes (bien que chacun eût son habitation distincte mais contiguë ainsi que je vous l'ai expliqué); elle serait aidée dans ce soin soit par ses filles, si elle en avait, ou à défaut et alternativement par une des femmes ou filles des autres colons.

Leurs soins s'étendraient, s'il était possible, aux vaches et à la petite porcherie que vous auriez, et à la basse-cour ; pour les soins à donner aux bœufs, chevaux, etc., etc., le directeur distribuerait la part afférente à chacun de ses camarades de travail, quoique ses subordonnés.

En admettant que ces six familles, dans leur ensemble, fournissent ensemble vingt-huit à trente personnes (grands et petits), j'estime à raison des petits enfants, qu'en calculant leur nourriture en commun à 25 fr. par jour, on fait les choses largement, car on aura du lait, et le jardinage qu'on devra faire aussi, fournira des légumes : eh bien, 25 fr. calculés pendant trois cent soixante-cinq jours, donneront au bout de l'année 9,125 fr., ci 9,125ᶠ

Mon but est de faire de vos familles normandes des colons partiaires pendant trois ou quatre ans, pour leur assurer ensemble le tiers *de tout* ce que vous produira, de revenu net, chaque proprié- té, et principalement l'Haouche-Kouche, que j'in- dique ici seule (pour avoir un point de comparai- son); mais comme ce tiers, si on le leur proposait tout d'abord, constituerait pour eux une éventualité qui pourrait les effrayer, je conseillerais de leur assurer, pour les encourager, une subvention fixe de 6,200 fr., savoir : 1,200 fr. pour votre directeur, et 1,000 fr. pour chacune des cinq autres familles, qui devraient avoir au moins quatre membres ca- pables de se livrer au travail. (Je reviendrai bientôt sur les motifs de cette combinaison), ci 6,200

Total. 15,325ᶠ

En admettant qu'il fallût pour des bras étrangers, au moment des plus forts travaux, dépenser 1,500 à 2,000 fr., ci 2,000ᶠ

La dépense s'élèverait à 17,325 fr., ci . . . 17,325ᶠ

Le prix de revient de votre exploitation personnelle, à

Kouche, s'élèverait à 17,000 fr. environ la *première année*, sauf les avances à faire à vos colons espagnols, pour lesquels j'ai dit qu'on devrait avoir en réserve 15,000 fr. Ces avances ne constituent qu'un simple roulement de fonds, et non une dépense, ainsi que vous l'avez vu pour ceux des bons colons que vous avez employés en 1854.

En 1854, les $2/5^{es}$ de produit que vous avez obtenus sur la culture de six de vos colons, sur moins de 17 hectares de terre, ont donné, sauf les labours et les frais de charriage, plus de 10,000 fr. Ce n'est pas exagérer que d'admettre que ces colons espagnols, réunis à d'autres dont les labours seraient *bien faits et à temps*, pourraient, en opérant sur 30 hectares, vous donner un produit net de 14 à 15,000 fr., ci. 15,000ᶠ

En portant à 1,200 fr. par hectare la culture en tabac de vos familles normandes (et en vous reportant à la deuxième section du chapitre deux ci-dessus, vous verrez que les prodnits de 1854 ont atteint et dépassé 2,000 fr. par hectare), vous en obtiendriez 24,000 fr., ci. 24,000

Vos céréales, sur 30 hectares (cultivés par des hommes du pays de Caux), devraient au moins rapporter, en valeur de grain et de paille, 300 fr. par hectare, ce qui donnerait encore 9,000 fr., ci. . .   9,000

La récolte et la vente de vos foins, le pacage de vos bestiaux et des chevaux (si vous continuez à avoir ceux de Blidah), vous rendraient encore au moins 6,000 fr., ci.   6,000

Vous auriez donc ainsi, en négligeant la valeur que vos bœufs bien soignés, les vaches, etc., etc., ne manqueraient pas de fournir, un produit certain de 54,000 fr., ci. 54,000

À *reporter*. 54,000ᶠ

Report. . . . 54,000

Et votre culture n'aurait pas atteint le *tiers* de la contenance de votre propriété de Kouche...!!

Déduisant de ce produit, pour les dépenses sup-
posées de vos familles normandes, 17,000 fr., ci.   17,000

il vous resterait. 37,000
et, pour en arriver là, vous auriez dépensé 22,000 fr., savoir : 15,000 fr. pour constructions à Kouche, et 7,000 fr. en
augmentation de matériel agricole.

Jugez donc de ce que serait l'avenir lorsque vos cultures
pourraient prendre plus d'extension, et lorsque de nouvelles
familles viendraient vous apporter le concours de leurs bras
pour compléter les cultures sur l'Haouche-Kouche, les reporter
à Kodjaberry, et les étendre plus tard à Marman.

A l'Haouche-Kouche, vous avez de l'eau partout, et vous
n'avez pas à redouter, comme ailleurs, l'effet des grandes sé-
cheresses.

Vous avez des prairies constamment arrosables ; vous avez
du bois, vous avez enfin tout ce qui garantit le succès à qui
voudra l'obtenir et en aura les moyens, de l'argent et des
bras : mais des bras laborieux et *honnêtes !*

J'ai dit précédemment que ce n'est pas un traitement fixe
qu'il faudrait donner à vos familles normandes, mais le tiers
net de vos produits, après avoir défalqué les frais de nourriture et d'exploitation. Je tiens à en expliquer la cause, et pour
vous et pour elles : Pour vous, il s'agit d'exciter ces familles à
vous venir, et de les séduire, *dans leurs propres intérêts,* par
la vue des bénéfices qu'elles seraient appelées à faire (en assurant les vôtres), et pour cela il ne faut rien négliger de ce
qui pourra les déterminer, et en leur abandonnant un tiers
du produit (comme plus avantageux pour elles), vous excite-
rez leur courage à bien faire et à faire beaucoup, puisque leur
part s'en accroîtra d'autant.

Je viens d'indiquer, en déduisant 6,200 fr. pour salaire à vos familles, qu'il vous reviendrait 37,000 fr. Si vous ajoutiez, au contraire, à cette somme les 6,200 fr. d'abord retranchés, le bénéfice total (nourriture déduite) se trouverait être de 43,200 fr., ci. 43,200ᶠ

Le tiers pour vos six familles serait de 14,400 fr., ci. . . . . 14,400ᶠ, ci 14,400ᶠ

Sur cette somme, il faudrait prélever le *cinquième* pour votre directeur, pour lui faire un position meilleure, et le récompenser de ses soins; ce cinquième donnerait. 2,800

Il resterait pour les cinq autres familles 11,600 fr., ce qui produirait pour chacune d'elles 2,320 fr., qui donnent 11,600 fr.   11,600ᶠ

Il vous reviendrait pour vos deux tiers.   28,800ᶠ

Notez-le bien, vos familles auraient été bien nourries, logées, et leur part de bénéfices, au bout de l'année, dépasserait 2,000 fr.! Votre bénéfice, à vous, irait à plus de 28,000 fr.! Et cependant, vous n'auriez pas encore cultivé le tiers de votre propriété. En admettant que ce premier tiers constituât ce qu'il y a de meilleur, est-ce qu'on ne pourrait pas obtenir au moins une somme égale des deux autres tiers, lorsqu'ils seraient utilisés, c'est à dire vous produire un revenu de plus de 50,000 fr. pour vous, *tout en laissant une belle part aux familles normandes que vous emploieriez successivement ?* (1)

(1) Songez donc encore aux produits que vous pourriez obtenir en bâtissant plus tard un ou deux moulins sur l'Oued-Laleig pour en utiliser les chutes; si, comme vous le demandez, on vous attribuait 100 mètres de terrain en largeur au delà de cette rivière, pour restituer à l'Haouche-Kouche une partie de ce qu'elle contenait, dit-on, jadis. (Voir page 7 de la lettre adressée, le 20 mars, à M. le directeur général de l'Algérie.)

Admettez, si vous voulez, qu'il faille diminuer ce produit d'un quart, à raison des frais de main-d'œuvre et de charriage de produits, qui pourraient forcer à recourir à des bras étrangers pour subvenir à vos travailleurs normands, à raison de l'entretien de votre matériel, etc.? Je vous le concède pour la première annnée, à raison des incertitudes d'une première installation, des tâtonnements possibles; mais les années suivantes, lorsque tout sera en train, que chacun sera fait à sa besogne, que votre petit matériel de vaches, de porcs, donnera des produits; lorsque vous pourrez remplacer par des bœufs maigres les bœufs que vous aurez engraissés, à l'aide de vos herbages, *toujours arrosables,* et pendant que les gros travaux sont suspendus pour ces animaux, vous aurez des bénéfices qui iront en augmentant.

Ici, je ne parle que de cultures à l'Haouche-Kouche; mais lorsque vous en serez à procéder de la même manière à Kodjaberry (1), et plus tard encore à Marman, est-ce que vous n'arriverez pas à un revenu *très et très-considérable, après avoir ouvert la voie de l'aisance aux familles que vous aurez engagées à s'attacher à vous?*

Remarquez qu'après trois ou quatre ans de travaux, chacune de ces familles pourra avoir économisé un petit capital de 4 à 5,000 fr., peut-être plus, à l'aide duquel, *et avec leur éducation algérienne faite,* elles voudront aussi s'établir à leur compte sur 8 à 10 hectares de terre d'abord pour commencer; puis, quatre à cinq ans plus tard, cultiver plus en grand, et devenir à leur tour de bons fermiers.

Leur situation prospère fera désirer à d'autres familles d'être employées pour vous de la même manière, et de remplacer

---

(1) Le 9 mai dernier, j'apprenais, à Bouffarik, qu'en 1853 un Arabe, qui avait cultivé en maïs, et à demi-fruit, un hectare et demi de cette propriété, avait obtenu de sa récolte 52 quintaux de maïs, vendus 1,040 fr., dont la moitié lui avait donné 520 fr.

celles qui, pour s'établir à leur compte, viendraient à vous quitter.

Le désir probable et tout naturel de ces familles serait de se fixer soit sur des portions de votre propriété, soit au moins dans le voisinage, afin de ne pas s'éloigner du petit centre normand, où elles auraient leurs connaissances et leurs amitiés; pour les inviter à rester près de vous à toujours, ou plutôt près de leurs compatriotes, afin de faire, avec le temps et à l'aide des mariages qui ne manqueraient pas d'avoir lieu, un vrai village normand, il me semble encore qu'il serait sage de réserver pour les six premières familles que vous auriez choisies, 15 hectares de terre qui leur seraient attribués, *en toute propriété,* après qu'elles auraient passé quatre ans avec vous, savoir : un lot de cinq hectares à votre colon-directeur, qu'il vous quittât ou non après ce délai, et cinq lots de 2 hectares chacun pour les cinq autres familles; ce serait pour eux la récompense de leur initiative d'émigration, et des services qu'ils vous auraient rendus, et du bon exemple qu'ils auraient donné à suivre.

A ce moyen, votre œuvre prospérerait; elle deviendrait sympathique à tous; on s'intéresserait à son succès, car elle constituerait une bonne action et un enseignement qui porterait ses fruits en peu de temps.

Mais, à cet égard, j'ai souvent entendu l'objection suivante : « C'est un rêve, un songe creux que de penser à envoyer des familles normandes en Algérie; on n'en trouvera pas de bonnes qui consentent à s'expatrier ainsi; puis si ce sont de bonnes familles laborieuses, c'est un tort de les pousser à émigrer, de leur en faciliter les moyens, et de compromettre de gaieté de cœur leur santé! » Ces objections, qui auraient pu être de mise il y a huit ou dix ans, ne signifient vraiment rien maintenant, dès qu'à l'aide de constructions saines, solides, vous offririez des gîtes à ces familles, et une nourriture substantielle et fortifiante, pour remplacer les privations que beaucoup d'entre elles éprouvent chez nous, malgré les efforts de l'administration et de la charité publique, pour subvenir à l'insuffisance des salaires d'une notable portion de nos ouvriers du pays de Caux, et spécialement de ceux qui, quoique petits cultivateurs ou artisans de l'agriculture, pendant deux ou trois mois de l'année s'occupent de tissage. Pénétrez donc dans ces familles, je parle de celles qui sont estimables, qui aiment le travail, qui ont des habitudes régulières, et voyez le vrai de leur situation et de leur misère.

Eh bien! cette misère, quoi qu'on fasse, ne pourra aller qu'en augmentant, car leur industrie est frappée de mort par les tissages mécaniques, et elle ne s'en relèvera jamais. Que voulez-vous que fasse un tisserand avec 1 fr. à 1 fr. 10 c. par jour, ou sa femme avec un salaire de 40 à 50 c., les frais de bobinage et d'éclairage déduits?

C'est cependant l'histoire de plus de 80 p. 0/0 de ces ouvriers tisserands du pays de Caux. Dans leurs communes, où les travaux agricoles peuvent en occuper un certain nombre pendant deux ou trois mois au plus, il n'y a pas pour eux à trouver d'autre emploi à leurs bras (pour vivre pendant les neuf autres mois de l'année). Il leur faut rougir (et ceux-là ont tort de rougir que l'insuffisance du prix de main-d'œuvre réduit à leur état précaire), et recevoir le pain de la charité!...

Eh bien! au lieu de la misère, c'est la satisfaction complète de leurs besoins et de ceux de leurs enfants, que vous venez offrir à des familles, en échange de leurs travaux. Puis un salaire *assuré tout d'abord*, et de plus, l'*espoir fondé d'arriver* à l'aisance, et peut-être même à la fortune?

Avec les moindres soins hygiéniques, de la prudence le matin et le soir pour se tenir bien couvert, pas de travaux excessifs pendant trois heures dans les jours de chaleurs, pourquoi donc ces familles auraient-elles à craindre pour leur santé?

Est-ce que déjà il n'y a pas dans les communes de l'Algérie

un grand nombre de familles françaises, qui arrivées dans le dénûment, n'ayant de ressources que celles que le travail pourrait leur procurer, qui mal logées, mal nourries, souvent vivant de privations, s'y sont cependant acclimatées et fixées?

Si cela est, pourquoi des familles qui n'auraient pas à se préoccuper du lendemain, ni pour elles, ni pour aucun de leurs membres, ne s'y établiraient pas dans des conditions convenables, pour y vivre comme ailleurs, et *mieux que chez elles:* car elles auraient fui la misère et songeraient à l'aisance avec le bonheur que ce sentiment inspire à ceux qui peuvent l'entrevoir.

La réunion de six familles (près desquelles d'autres ne manqueraient pas de venir se grouper), leur fournirait des motifs de causerie aux heures de repas et même pendant leurs travaux. Le voisinage des familles espagnoles, qui demeureraient près d'elles, et qui commencent à parler un peu français, serait une autre cause de distraction et de tranquillité. Au village de l'Oued-Laleig et à Blidah, où leurs devoirs religieux les appelleraient le dimanche (car il importe de choisir des familles vraiment chrétiennes), *sinon tous*, au moins un grand nombre d'entre eux, ils se retemperaient au milieu de Français comme eux, peut-être même (et cela est très-probable), y trouveraient-ils d'autres Normands?

Eh bien! des familles normandes on en aurait, et on en obtiendra dans le pays de Caux (j'en ai vu à plusieurs reprises, et j'en connais encore) dès que, par un *capital suffisant* et une association régulière, on aura créé les ressources nécessaires pour bâtir d'abord, et pouvoir accepter les offres qui ne manqueront pas d'arriver, dès qu'on apprendra que des honnêtes gens, des hommes de cœur, ont fondé une société sérieuse et dans des conditions viables.

Que cette société se forme, et tout ce qui dans notre département s'intéresse aux souffrances de nos classes laborieuses, ne manquera pas de vous offrir son concours, si par vos seuls efforts vous éprouvez des embarras pour réunir le capital nécessaire, et s'il vous faut recourir au dehors. Dans un instant je vous en expliquerai les moyens comme je les comprends. A les suivre vous feriez une *bonne affaire pour vous* (car il ne s'agit pas de jouer à la philanthropie. On a trop abusé du mot et trop souvent on s'en est fait un masque... oui, je le répète à dessein, *vous feriez une bonne affaire*), mais cette bonne affaire n'en serait pas moins une bonne action, honorable pour vous.

SIXIÈME SECTION.

A raison de l'importance de cette section, je la diviserai par paragraphes.

Paragraphe Ier.

Pour sortir de la position fausse dans laquelle vous êtes, et pour obtenir de grands revenus de la *portion des biens* qui sont à vous définitivement (*Voir* 1re section du chapitre 1er de cette lettre), il vous faut de l'unité..., il vous faut de l'argent...; vous n'avez ni l'un ni l'autre.

Votre comité, depuis 1847, a fait du mieux qu'il a pu pour tâcher de se reconnaître dans le dédale de vos affaires, de vos procès, de vos réclamations de toute nature; et bien que maintenant on ait mis la main d'une manière absolue sur une portion de vos propriétés, bien qu'on ait même, en 1854, fait un premier essai de culture qui donnera de bons résultats, plusieurs des membres de ce comité veulent s'en retirer; ma détermination personnelle d'en faire autant vous est connue, je l'ai exprimée de la manière la plus formelle le 5 de ce mois, je vous la réitère. Pour ce qui me concerne, je vous disais, en 1852, à la fin de mon rapport, que je croyais ma retraite utile à vos intérêts; que dans votre défense, j'avais pu froisser certaines susceptibilités; que mieux valait pour vous que vos réclamations à l'avenir fussent présentées et suivies par d'autres que moi. Ce qui était vrai en 1852 continue de l'être en 1854, sans que j'aie besoin d'entrer à cet égard dans des explications qui seraient peut-être plus nuisibles qu'utiles.

En vue de la retraite de votre comité, et pour arriver et créer l'unité dont souvent il a indiqué le besoin, on s'est préoccupé d'un projet de société régulière (dont vous recevrez un exemplaire avant ou après cette lettre). C'est à l'occasion même de ce projet que je vous écris aujourd'hui, qu'il me *semble insuffisant et incomplet*, qu'il ne créera pas l'unité comme je la désire : une direction forte et sans entrave, comme il vous en faut une ; qu'enfin la réalisation de ce projet ne vous donnerait pas un capital disponible. Or, sans un capital un peu large, vous ne feriez *rien* de vraiment utile pour vous. Vous pourriez peut-être marcher terre à terre, et avec le temps même arriver à faire plus que vos frais de gestion et le service de vos rentes ; mais, quoi qu'il arrive, vous n'obtiendrez jamais de résultats un peu satisfaisants : vous ferez peu pour vous, peu pour l'Algérie, et rien pour votre pays.

Vous n'arriverez pas ainsi à avoir des gérants d'exploitation sur lesquels vous puissiez compter (et on pourra vous exploiter); des représentants qui puissent, en Algérie, s'occuper d'une manière convenable du soin de toutes vos affaires, qui sont encore très-nombreuses et très-difficiles (*plus difficiles malheureusement que vous ne l'imaginez, faute de lire avec soin et avec attention les rapports que vous avez aux mains*); parce que, par la combinaison de société indiquée dans ce projet, vos représentants auraient aussi besoin d'être les agents directs des cultures que vous feriez faire. Comment donc voulez-vous qu'on puisse être avec vos colons particuliers, surveiller leurs cultures, leurs récoltes, livrer leurs produits et s'occuper de tous vos biens, de toutes vos autres affaires, et vous donner à chaque courrier les *détails vrais et minutieux* de chaque chose faite pour vous, de la vente de chaque produit et de chaque dépense? Sans ces détails cepen-

5

dant vous arriverez au gàchis ; cela est impossible, cela est déraisonnable. Assez sur ce point.

Paragraphe II.

Par le projet en question, vous aurez un gérant, *directeur général, à Rouen.* (Vos sympathies à cet égard sont acquises à votre bon collègue, secrétaire du comité ; je vous en félicite de tout mon cœur ; ce choix sera excellent, vous ne pourriez en faire un qui pût être plus conforme à mes désirs.) Mais le gérant, directeur général, ne pourra à peu près rien faire sans l'avis de son conseil de surveillance ou d'administration, et ce conseil lui-même sera à peu près subordonné à tous les sociétaires, qui, dans les quatre assemblées générales qu'on aurait par chaque année, interviendraient pour voter ce qu'il y aurait à faire, et des moyens financiers, etc., etc.

Sous prétexte de créer l'unité, on réduit à peu près à zéro la personnalité de votre directeur général, et l'on transporte à tous les sociétaires le gouvernement de vos affaires, c'est à dire que l'on constitue une société dont la tête aurait des pouvoirs moins étendus que ceux de votre comité actuel, qui, *à part deux pouvoirs restreints et contre lesquels il a dû protester,* avait cependant le droit de faire plus que ce que le gérant de la société projetée pourrait faire.

Ce serait une faute, et une faute lourde, d'en agir ainsi, *lors même* qu'au lieu d'être embarrassées et fatigantes comme elles le sont, vos affaires seraient d'une gestion facile.

Le gouvernement *de tous* n'est le gouvernement de personne ; et à gouverner ainsi on ne fait et on ne peut faire que du gàchis et arriver à des catastrophes.

Pour vous, il vous faut un gouvernement sérieux, unique, qui soit maître, *mais le maître absolu* des bras, ou plutôt des auxiliaires qu'il aura à employer, *à employer en Algérie,* et qu'il ne pourra surveiller de sa personne. Il faut qu'il puisse prescrire toutes les mesures nécessaires et propres à établir une comptabilité nette, régulière, qui s'applique à chaque chose, et avec tous les détails que chaque chose comportera. Il faut, s'il n'obtient pas satisfaction complète à cet égard, qu'il puisse briser sans hésitation les *instruments* auxiliaires qui ne seront que ses sous-agents, chargés de faciliter sa gestion.

Ainsi, l'unité qu'on vous propose n'en est pas une, et à ce titre, vous auriez tort de vous en contenter.

Ce n'est pas tout; on vous propose de vous constituer *seuls et sans l'intervention* de tiers, en une société, à laquelle vous apporterez purement et simplement vos propriétés algériennes. Mais, mon Dieu, cela ne mettrait pas un centime dans votre caisse, et *sans argent vous ne pourrez rien* et vous ne ferez rien; vous ne pourrez bâtir, et bâtir de manière à recevoir des colons sérieux; acheter un matériel convenable, soit pour Kouche (n° 46), soit pour Kodjaberry (n° 49), soit pour Marman (n° 12).

Vous en serez *réduits à végéter* avec le peu de ressources actuelles que vous avez, c'est à dire votre matériel de 6 à 7,000 fr. à Kouche, et ce qui pourra rester de votre récolte de 1854, quand on aura remboursé les avances faites pour cette récolte), par plusieurs de vos cointéressés... Que ferez-vous ainsi?... Rien, ou peu de chose au moins, et vous n'arriverez pas à obtenir les 60 à 80,000 fr. de rentes sur lesquels *on peut hardiment compter* avant dix ans, si on sait se mettre à l'œuvre et utiliser vos propriétés n°s 46, 49 et 12, en y joignant la location de vos autres biens, et s'établir de manière qu'on puisse employer des colons sur lesquels on pourrait compter, et s'assurer des *sous-gérants* qui présentent des garanties de succès, et pour qu'on parvienne aussi à faire à vos représentants en Algérie une position honorable et qui stimule leur zèle. Si ce que vous payez maintenant est très-convenable pour ce qu'on fait (*si même cette rétribution* par vous payée n'a pas été trop élevée, en égard à ce qu'on a fait), avec le temps, l'administration de vos affaires et la surveillance de vos cultures, prenant un développement *par vous réfléchi et autorisé*, le traitement de 3,500 fr. que vous payez maintenant devrait être un peu augmenté. (Je m'en expliquerai dans un instant.)

Mais, dit-on, si on a besoin de fonds, et pour ne pas contrarier certains sociétaires par un appel direct fait à leur bourse, le directeur-gérant sera autorisé à emprunter les fonds dont il aura besoin sur les biens de la société.

Mais prenez donc garde à ceci : il n'y aura pas de solidarité entre vous (car ce serait une imprudence que *vous ne commettrez pas* d'en établir une qui n'existe pas maintenant), et les prêteurs n'auraient qu'une garantie se subdivisant sur l'apport à la société *des 66es qui appartiennent à chacun de vous.*

Or, ces fractions ou soixante-sixièmes sont grevées dès maintenant des hypothèques légales qui peuvent atteindre la plupart d'entre vous ; il se peut que déjà on ait inscrit des hypothèques de cette nature... On pourrait, d'ailleurs, arriver à en inscrire, s'il s'agissait de vendre tout ou partie de vos biens. Qui donc, *et tant que ces hypothèques légales* n'auront pas été purgées d'une manière absolue (de telle sorte que votre société possède un *gage parfaitement dégrevé*), voudrait *prêter* sur ce gage, à votre directeur-gérant, un capital un peu considérable ?...

Dans le projet en question, on ne semble pas disposé à purger ces hypothèques légales ou autres...

Et cependant cette formalité serait d'un grand poids pour faciliter plus tard les ventes partielles que vous pourrez avoir à faire, afin que les acquéreurs ne reculent pas dans leurs offres, à raison des frais considérables que chacun d'eux aurait à faire pour purger sur chacun de vous. Donc, vous ne trouverez pas de fonds, et sans argent, je vous le réitère, vous ne ferez rien... rien de nature à servir vos vrais intérêts algériens... rien qui puisse rendre bonne et profitable votre opération de 1835... rien qui profite soit à l'Algérie, soit à votre pays !...

MES IDÉES A MOI.

Dans la réunion du 5 de ce mois, je vous ai dit que, pour arriver à bien, il fallait joindre à ce que vous avez un capital de 100,000 fr., et qu'à ce moyen seul vous parviendriez à de grands résultats; que vous pourriez bâtir, cultiver, aider la colonisation, gagner de l'argent, et cependant rendre de vrais services à votre pays.

A cette occasion, je vous ai dit qu'il faudrait, en formant une société régulière, légale, avec unité de direction, de vues, de but, *fusion vraie* et sérieuse de tous les intérêts, que chaque propriétaire de 66e apportât 1,500 fr. à nouveau, ce qui produirait, pour 66/66es, 99,000 fr.

J'ai dit encore qu'en échange de chaque 66e actuel, on délivrerait à chaque sociétaire qui *verserait cette somme de 1,500 fr.*, *six actions* qui, à raison de 500 fr. chacune, fixeraient ainsi à 3,000 fr. la valeur *actuelle ou estimative* de l'apport social de chacun de nous; j'ai dit que si parmi nous il s'en trouvait ne pouvant fournir ces 1,500 fr. pour obtenir la remise de six actions, on leur en délivrerait trois, pour représenter leur *part actuelle*, et que la société émettrait les trois autres au cours de 500 fr., et qu'on trouverait à les placer, etc., etc.

Cette idée, émise à la hâte et au milieu d'autres discussions, n'a pu être pesée et examinée d'une manière sérieuse; cependant elle a paru mal accueillie, parce qu'on n'en a pas compris le but et la portée.

Il s'agit donc d'y revenir et de l'examiner avec l'attention qu'elle comporte.

En 1847, la valeur *véritable et vénale* de chaque 66e de vos biens se traduisait par *zéro !* Un sociétaire avait offert ses actions moyennant 5 fr. chaque, à la condition d'être dégrevé de tous embarras ultérieurs; voilà où vous en étiez au mois de janvier 1847. Le fait est qu'à cette époque on était justement effrayé de toutes les condamnations prononcées contre vous pour payer plus de 9,000 fr. de rentes, sur des biens que vous ne connaissiez pas, que vous n'aviez pas, et *que vous n'aurez* jamais (ainsi que je m'en suis expliqué dans le premier chapitre de cette lettre). En général, on croyait le tout gravement compromis, lorsque votre comité essaya de se reconnaître au milieu du chaos ouvert devant lui.

Depuis 1847, on a bataillé, on a combattu, et s'il n'a pas fait tout le bien qu'il eût désiré faire, si ses efforts ont été souvent ou paralysés ou impuissants, au moins votre comité a la conscience d'avoir fait de son mieux et dans les limites de ce qui lui était possible pour éclarcir votre situation, et de désespérée qu'elle était, la rendre passable et de vous ouvrir même un horizon qui, malgré les friponneries dont vous avez souffert, s'annonce comme bon, *comme très-beau même,* si on veut marcher d'un pas ferme vers les résultats que je vous ai précédemment indiqués.

Il ne s'agit pas d'examiner maintenant ce que vous avez dépensé depuis 1835, et les intérêts des capitaux par vous fournis successivement. Je sais bien que ceux d'entre vous qui *sont au pair* ont dû sortir jusqu'à ce jour 7,000 fr. par chaque 66e, savoir : 6,350 fr. y compris les appels de fonds antérieurs à 1847, et 650 fr. pour les appels faits par le comité créé en 1847. Sans doute chaque 66e, avec les intérêts compris, doit aller à près de 15,000 fr. Mais la question n'est pas là, il s'agit de savoir la valeur *réelle* et *actuelle* de chacun de ces 66es. Eh bien, en portant à 3,000 fr. cette valeur, on est dans des conditions rationnelles et vraies ; on fait une estimation que je crois parfaitement honnête et loyale, parce qu'elle comprend avec vos biens les indemnités et sommes qui vous sont dues.

Mais retenez bien *ceci :* S'il vous fallait maintenant liquider et vendre vos biens dans l'état où ils sont (je ne parle que de ceux que vous avez *réellement* et désignés dans la première section du premier chapitre de cette lettre), vous n'obtiendriez pas même ce prix ; les frais de licitation, votre éloignement, le peu d'importance de plusieurs de ces propriétés, l'obligation pour chaque adjudicataire de purger les hypothèques sur un si grand nombre de vendeurs : ces seuls motifs empêcheraient assurément que vous obteniez ce prix de 200,000 fr. que je vous indique comme raisonnable et loyalement présenté.

Je ne doute pas qu'il n'y eût pour vous à en rabattre de beaucoup sur cette valeur de 3,000 fr., que j'attribue maintenant à chacun de vos 66ᵉˢ.

Ceci posé, je ne viens pas proposer à chaque sociétaire de sacrifier purement et simplement 1,500 fr. (ou la moitié de son 66ᵉ) pour enrichir ainsi, et à son détriment, le premier spéculateur venu, qui offrira cette somme en échange des trois actions à émettre par chaque 66ᵉ ; mais je dis à chacun : *Votre 66ᵉ représentera désormais six actions d'une valeur de 500 fr. chacune. Il vous en appartient trois en échange de l'apport que vous faites de votre part à la société, et vous aurez le droit d'avoir trois autres actions en versant 1,500 fr.* Ou vous avez foi, ou vous n'avez pas foi dans l'avenir de l'Algérie. Si vous avez foi, conservez en entier *les six actions* qui doivent représenter votre 66ᵉ, et versez 1,500 fr. ; à ce moyen, vous ne faites aucun sacrifice, vous conservez la valeur entière que, dans votre opinion, vous attribuez à votre part de propriété ; *ou, au contraire, vous n'avez pas foi* dans l'étoile de l'Algérie, ou dans les combinaisons présentées pour faire fructifier vos biens, ou même des causes accidentelles ne vous permettraient pas de verser ainsi 1,500 fr. pour obtenir trois actions nouvelles ; souffrez alors que, dans l'intérêt de tous, *et dans le vôtre même* (car chaque sociétaire actuel conserve trois actions en échange de sa part de propriété apportée à la société), on

utilise les trois actions que vous ne pouvez payer ; car on ar-
rivera ainsi à faire que les trois actions qui vous restent attei-
gnent, avant peu d'années, une valeur plusieurs fois supérieure à ce qui vous restera, de telle sorte que vos trois
actions, quoique *réduites en apparence de valeur pour rendre
la société possible,* auront cependant une valeur qui excèdera
de beaucoup *tout ce que vous avez dépensé depuis* 1835.

Avec ce moyen, on arriverait à réaliser la somme de
99,000 fr., qui jointe à ce que vous avez, permettrait enfin de
marcher, de bâtir, de cultiver et d'obtenir des revenus considérables. Ce que vous avez vu au chapitre deux, deuxième
section, de cette lettre doit vous édifier à ce sujet.

Par ce moyen encore, vous arriverez à former une grande
société, avec gérant-directeur et sous-agents vous inspi-
rant confiance... vous créérez de l'unité... il n'y aura plus de
tiraillements ou de froissements d'amours-propres... de rivali-
tés possibles... de rêves d'intérêts à part... de menaces de
partage, de licitation, etc., toutes les individualités seront effa-
cées, pour se confondre dans la société représentée en tout
et partout par un directeur-gérant. qui se trouve tout indiqué
à l'avance, et qui a (et qui les mérite bien du reste) les sympathies de chacun de vous.

Mais, dit-on, cette combinaison a son côté désagréable,
en ce qu'elle obligera ceux qui ont un plus grand nombre
d'actions, à verser une somme assez forte (1,500 fr. par
66e), ou à en sacrifier moitié, pour voir passer à des étrangers 50 p. 0/0 de ce qu'ils ont maintenant ; cette objection ne
me paraît pas grave ; les actionnaires qui sont dans ce cas
n'ont pas traité aux mêmes conditions que leurs autres cointéressés ; leurs sacrifices *sont loin, très-loin* (relativement) de
ceux faits par les sociétaires qui à leur demande sont venus
se joindre à eux en 1835. Et, d'ailleurs, ce sont eux qui pro-
fiteront le plus (à juste titre, du reste), de l'association dont il
s'agit, et des bénéfices considérables qu'elle devra présenter.

A cette objection , on en joint encore une autre :

On prétend que, malgré ma confiance *personnelle* (l'espèce d'engouement dont on m'accuse) dans la fortune de l'Algérie et son avenir, on ne trouvera pas à négocier au prix de 500 fr. les actions qu'il s'agirait d'émettre , pour le cas où tous les sociétaires actuels ne pourraient verser 1,500 fr. pour garder toute leur part.

A cet égard, je réponds qu'on se trompe ; Rouen et le département fourniront des hommes qui répondront à l'appel qui leur sera fait, à supposer que parmi nous nous ne puissions à plusieurs conserver la totalité de ces actions, dont l'émission serait nécessaire.

Quand on viendra à réfléchir que ce que vous avez apporté à la société, pour une valeur de 3,000 fr., vous en a coûté 15,000 fr. ; que cependant, et pour arriver à fonder une association utile et profitable au pays , vous voulez bien vous imposer un sacrifice si considérable ; quand on aura acquis la preuve que votre apport de propriété est sérieux et réel , quand on songera aux produits donnés en 1854 par moins de 17 hectares de terres , votre appel sera entendu et on le comprendra.

On le comprendra, cet appel, surtout lorsqu'on verra que vous vous proposez de prendre au département des familles pour les tirer d'une position difficile et les conduire à l'aisance, et que votre but est de commencer une dérivation du trop plein de notre population cauchoise, pour la diriger sur une terre bénie de Dieu, mais une terre où cependant les bras français manquent.

A ce moyen votre œuvre aura un caractère d'utilité publique ; elle sera un enseignement ; elle servira à encourager de grandes associations dans le même but , et à ce titre vous devrez vous estimer heureux d'avoir donné un noble exemple !

Je m'attends déjà à ce qu'on pourra m'objecter que je veux

essayer de réaliser, *en petit et avec votre aide*, un projet que j'avais formé en 1851, et *qui cependant a échoué.*

Mais en 1851 (*c'était bien avant le 2 décembre*), l'état politique était fort inquiétant... de graves préoccupations agitaient les esprits... je m'adressais à des personnes étrangères à l'Algérie, n'y ayant aucun intérêt. A cette époque, on ignorait ce que pourrait rendre la culture du tabac, du coton, de la garance, etc., etc. Il s'agissait de transporter des familles près de Milianah (dans un village maintenant occupé par des colons de Saône-et-Loire) et déjà loin d'Alger. Maintenant, au contraire, on connaît l'extension prise depuis 1851 par la culture, les résultats que vous-mêmes avez obtenus en 1854 (*malgré tout ce qu'ont pu laisser à désirer* les soins pris à leur occasion); on sait qu'il s'agit d'établir des familles normandes à peu de distance d'Alger, dans un pays cultivé presque partout, et avec d'immenses succès à Blidah et à Bouffarik, lieux très-rapprochés des deux points où il s'agirait de faire deux petits centres normands. Dès lors, on n'aurait pas à redouter les difficultés que j'ai pu rencontrer en 1851.

D'ailleurs, à cette époque de 1851, j'agissais seul en faveur d'une idée que ma conscience me disait être bonne. Maintenant, vous seriez vous-mêmes les propagateurs de l'œuvre à entreprendre, et le placement de vos actions ne me laisse pas la moindre préoccupation.

Une fois le capital assuré, *votre succès est certain*, votre opération de 1835 devient excellente, et *vous faites une bonne action!*

Paragraphe IV.

Non-seulement je demande un sacrifice sur les actions, comme moyen de salut pour tous, mais encore je demande que, sur les propriétés de Kouche et Kodjaberry (nos 46 et 49), on réserve 15 hectares pour les six premières familles normandes qu'on établira sur chaque point. Pourquoi ce nouveau sacrifice? me dira-t-on encore. Quel besoin de toujours perdre?

N'a-t-on pas été assez trompé depuis 1835 ? Pourquoi donner encore de la terre à des familles que déjà il s'agirait de payer largement ?

Eh ! mon Dieu ! la raison, la voici : C'est que pour avoir le droit de bien choisir les familles qu'il s'agirait d'envoyer en Algérie, il faut les attirer et par l'appât des bénéfices et par *celui non moins grand de la propriété personnelle.*

En agissant en apparence dans l'intérêt vrai de ces familles, vous agirez pour vous, car elles formeront le noyau qui s'augmentera des familles que leur succès attirera près d'elles, et c'est parmi elles que plus tard vous recruterez des fermiers, au fur et à mesure que la mise en état de vos propriétés vous mettra à même d'en louer.

Dans cinq ou six ans, lorsque la totalité de ces terres seront en état, vous n'aurez plus besoin de personnel à vous..., de cultures en votre nom...; vous n'aurez plus que des terres à louer, au moyen d'habitations que l'on construira lorsque la nécessité s'en fera sentir.

A cette époque, vous aurez des familles bien acclimatées, qui auront fait leur éducation algérienne avec vous..., sous vos auspices..., *qui par vous seront arrivées à l'aisance...*; vous aurez semé..., et alors vous serez arrivés au moment de la récolte..., et cette récolte sera abondante en revenus pour vous, ce qui n'empêchera pas vos fermiers de vous bénir..., car vous les aurez soustraits à la misère, pour en faire des heureux !...

Puis, n'oubliez pas que c'est dans ces familles normandes qu'il faut trouver *vos vrais chefs de culture...,* car vous les connaîtrez, et vous les *aurez choisis vous-mêmes.*

Puis enfin, c'est en faisant ce léger abandon de terres que vous pouvez donner à votre société un petit cachet d'utilité publique, intéressant le département !... Si besoin était, je solliciterais de vous ce sacrifice, *si c'en était un* (ce qui n'est pas, à mon point de vue), en faveur de nos familles normandes, comme un moyen de récompenser les efforts que, depuis 1847, j'ai eu à faire, pour vous aider dans la direction de vos affaires.

Paragraphe V.

Avec un capital ainsi fourni, il faudrait donner une durée de quinze à vingt ans à votre société ; à cette époque, les seules propriétés dont je m'occupe (celles de la *première section* du chapitre premier de cette lettre), auront acquis une valeur considérable... On pourra songer à les vendre, et le prix qu'on en obtiendra prouvera à nos successeurs et à nos héritiers combien notre confiance dans l'Algérie leur aura été profitable ; car la part afférente à chaque action dans le produit des ventes de ces propriétés ne manquera pas d'être alors fort élevé, *eu égard au prix d'achat*. Il servira d'enseignement historique à ceux qui nous remplaceront.

A l'aide de ce capital, qui fera de vous de grands et utiles colons, vous arriverez à fixer une rétribution convenable à votre directeur-gérant et à vos représentants en Algérie. A un traitement fixe pour ces derniers, il sera bon d'ajouter une portion telle quelle, *un* 20e, *par exemple*, du produit net que vous obtiendrez des cultures que vous ferez faire vous-mêmes, pendant quatre ou cinq ans, sur les propriétés nos 46 et 49. Si on opère bien, ce vingtième pourrait, en peu d'années, s'élever à plus de 3,000 fr., à ajouter au traitement actuel de 3,500 fr., et ce déduction faite du tiers attribué à vos familles normandes dans les produits.

Pendant les trois premières années, il faudrait (vos frais d'administration prélevés, y compris ceux d'inspection par un ou deux de vous) se borner à payer aux porteurs de vos actions l'intérêt de 5 p. 0/0 ou 25 fr. par action, et accumuler le surplus de vos recettes pour les constructions à faire successivement et à Kouche et à Kodjaberry, etc.

Evidemment vos revenus et vos produits vous mettront à même ainsi de faire de fortes retenues en vue de ces constructions, qui, plus tard, ne feront qu'améliorer la situation.

Si déduction faite de tous les frais d'exploitation, vous arrivez, en 1854, par la culture de moins de 17 hectares de terres, à un produit net de 10,000 fr., auxquels il faut ajouter 8 à 9,000 fr. pour les loyers de vos autres biens, et cela sans y comprendre l'intérêt des indemnités et sommes qui vous sont dues, il faut bien admettre, de prime abord et forcément, que *sans même s'occuper de Kodjaberry*, et en se bornant aux seules cultures dont j'ai parlé (à faire sur le tiers à peine de l'Haouche-Kouche), vos revenus devront approcher de 40,000 francs.

Je m'arrête à ce chiffre de 40,000 fr., pour avoir une base, ci. 40,000ᶠ

Vous aurez à prélever : 1° ponr intérêts de vos actions représentant un capital de 198,000 fr. (soixante-six fois 3,000 fr.), 9,900 fr., ci.   9,900ᶠ

2° Traitement de votre directeur-gérant, la *première année*, environ. . .   2,000

3° Traitement de vos représentants en Algérie, et faux frais les concernant. .   6,000

Et 4° deux voyages d'inspection, faits en votre nom, pour présider à l'installation de vos familles, etc., etc.   2,000

————

19,900ᶠ   19,900

Il vous resterait ainsi en excédant.   25,100

Si vous en déduisez, pour service de vos rentes, pour entretien de votre matériel et faux frais. .   5,100

————

Il vous resterait encore en réserve. 20,000ᶠ

Remarquez qu'en réalisant un capital libre de plus de 100,000 fr., vous n'utiliserez pas le tout de suite, si vous vous bornez à diriger votre premier effort sur l'Haouche-Kouche, et si vous n'employez, par exemple, que 12 à 15,000 fr. pour

. commencer à construire à Kodjaberry. Or, ce capital de 100,000 fr., qui ne sortira que successivement, produira des intérêts qui viendront encore augmenter votre fonds de réserve.

La deuxième année, vos produits et vos revenus devant être plus élevés que la première, vous mettront à même d'avoir un excédant de recette plus considérable, et il en sera ainsi pour la troisième année; après cette époque, vous auriez des fonds très-suffisants pour toutes les constructions qui pourraient être à faire, et bien que les traitements de votre directeur-gérant et de vos agents algériens dussent être un peu plus élevés, vous pourriez, à la fin de la quatrième année, et outre l'intérêt, répartir, à titre de dividende, aux actionnaires, une somme de 15,000 fr., ce qui leur donnerait déjà 12 fr. 50 c. p. 0/0 des intérêts de leur petit capital. Et, dans six ou sept ans, vos actions de 500 fr rapporteraient plus de 100 fr. chacune, et encore on ne serait pas arrivé au produit qu'elles donneraient plus tard....

Paragraphe VI et dernier.

Je viens de parler de 6,000 fr. à mettre en réserve pour le traitement de vos agents en Algérie, et *cela bien* que vous ne payiez maintenant que 3,500 fr. à l'agent qui a succédé à votre ancien représentant; mais il ne faut pas oublier que vous avez deux représentants, et qu'il vous en faut deux, car un seul ne pourrait suffire à s'occuper de tous vos biens, des démarches à faire pour ceux que vous n'avez pas encore... pour vos procès et vos réclamations, etc., etc., et en même temps s'occuper de vos constructions, de vos cultures, de visiter vos colons et vos familles normandes... Cela est impossible (retenez-le bien encore), sous peine de ne rien faire comme il faut.... de ne pas faire à temps... de faire du désordre et de ne vous renseigner que *comme on voudra et quand on en aura le temps*.

Il vous faut, au contraire, à côté de votre agent de culture, de votre représentant *actif*, un représentant à *poste fixe* qui, pendant deux ou trois ans encore, s'occupe de vos affaires contentieuses, judiciaires ou administratives... qui conseille ou rédige les baux que vous auriez à faire, et qui puisse au moins deux fois par mois, *contrôler* les registres de recettes et dépenses de votre agent actif, et *parapher* l'état de ses registres à *chaque inspection*.

Par ce procédé, votre agent *actif* sera tenu d'avoir toujours ses écritures à jour et sa caisse balancée, ou sera tenu à un ordre scrupuleux pour enregistrer chaque jour et les recettes et les dépenses, et votre directeur-gérant à Rouen pourra suivre d'une manière exacte tout ce qui se fera pour vous en Algérie; car, indépendamment de sa correspondance avec vos représentants, il aura aussi, en ce qui concernera la culture, ses rapports directs avec vos chefs de culture.

Le traitement de votre agent du contentieux, en Algérie, devra être nécessairement moins élevé que celui de votre agent actif, car il n'aura pas ses fatigues, ses voyages, ses faux frais; mais, enfin, il lui faudra un traitement; vos intérêts l'exigeront, et c'est par ce motif que j'ai parlé de laisser en réserve 6,000 fr. pour faire face à ces traitements, sauf à augmenter plus tard, lorsque vos produits le permettront, de manière que chacun soit content de vous, et vos colons et vos représentants.

Cette mesure de contrôle d'un représentant sur l'autre est indispensable, car elle initie deux personnes dans tous les faits qui vous concerneront, et en cas de maladie de l'un, l'autre pourrait le remplacer et ne rien laisser souffrir de tout ce qui vous intéresserait, puis enfin elle crée pour vous un motif de sécurité.

CONCLUSION.

Je viens de vous indiquer à la hâte et bien imparfaitement, sans doute, les motifs qui me portent à vous exciter à la formation d'une société qui, utile et avantageuse pour vous, deviendrait cependant le berceau d'une bonne action : comme vous l'aurez remarqué, je n'ai émis que les idées générales qui, dans mon opinion, devraient vous servir de point de départ.

Vous êtes seuls juges en dernier ressort des avantages ou des inconvénients qu'il y aurait à les suivre.

Décidez-vous, mais décidez le plus tôt possible, car vos intérêts *exigent, de la manière la plus impérieuse*, que vous formiez sans aucun retard une société régulière, à quelque combinaison que vous vous arrêtiez.

Je vous ai indiqué ma pensée ; son exécution est la seule qui, dans ma conviction, puisse être tout à la fois utile pour vous, pour l'Algérie et pour notre pays, et qui puisse, en la rendant vraiment honorable, élever, pour ainsi dire à la hauteur d'un acte de patriotisme votre spéculation de 1835.

A suivre mes conseils, vous feriez une bonne action, qui, semblable au grain de sénevé dont parle l'Évangile, produirait avec le temps de grands fruits, car vous donneriez un exemple que d'autres imiteraient. Votre œuvre, si petite et si modeste au début, n'en tournerait pas moins au profit de nos familles ouvrières et malheureuses du pays de Caux, qui, petit à petit, et à l'exemple de celles par vous employées, prendraient la route de l'Algérie.

En agissant ainsi, vous feriez un acte de vraie charité chrétienne.

Si haut ou si bas que nous soyons placés, si orgueilleux ou si infatués que nous soyons chacun de notre prétendue valeur relative, *nous ne sommes rien*, rien que des instruments que la main de Dieu emploie souvent (et sans même que nous nous en doutions) pour arriver au bien qu'il veut produire.

Si, dans sa bonté, il nous avait réservé ce noble *rôle d'instruments de sa volonté* pour aider à la colonisation de l'Algérie et diminuer les privations dont souffrent un trop grand nombre de familles de notre département, pourquoi donc refuserions-nous de répondre à son appel, lorsque nos intérêts même devraient en profiter? Songeons-y bien.

Avant d'en finir, permettez-moi d'invoquer près de vous une réflexion qui m'est venue, *le 17 de ce mois*, en assistant à la réunion générale des membres de l'Émulation chrétienne de Rouen, et de vous citer quatre ou cinq lignes des paroles de son bon et honorable président (M. Carpentier).

Il **y** a cinq ans à peine, *sept ouvriers*, mais de bons et estimables ouvriers, de vrais chrétiens, au cœur noble et généreux, imaginèrent de fonder une société de secours entre eux; ils débutèrent avec un capital social de 35 *centimes...* 35 CENTIMES !

En 1854, le nombre des associés s'élevait à 4,413 Ils avaient prélevé sur leurs journées de travail 48,165 fr. 21 c., sur lesquels 35,222 fr. 91 c. avaient été employés en secours de toute espèce, en frais de maladie et d'inhumation, etc., etc. !...

L'association a dans son sein des membres chargés de visiter les associés malades, de les consoler, etc., etc. Voici à l'occasion de ces visiteurs de malades ce que leur disait, le 17 de ce mois, le président de la compagnie :

« Cette fonction (de visiteurs de malades) que vous avez
« tous remplie, que vous remplissez tous avec une assiduité au-
« dessus de tout éloge; cette fonction, dis-je, ne vous a pas
« valu seulement le stérile honneur d'être inscrits dans un
« annuaire, mais elle a fait graver vos noms dans le livre de
« vie : Dieu, qui les a comptées, pèsera dans sa miséricorde
« les heures que vous aurez passées près de votre frère ma-

6

« lade, et ces heures vous ouvriront un jour les portes du
« ciel ! »

En écoutant *(les larmes aux yeux)* les consolantes paroles
de ce noble et *modeste ouvrier* (président de sa compagnie),
je n'ai pu refuser mon admiration aux résultats d'une association commencée avec 35 *centimes* de capital, et je me suis
dit : Voilà d'honnêtes ouvriers, chargés de familles, n'ayant
d'autres ressources que leur travail, qui cependant ont fondé
une œuvre considérable, appelée à moraliser, à aider et se-
courir une grande masse d'infortunes. Quel exemple de dévouement et de charité ils donnent !

Pourquoi donc nous, membres de ce qu'on appelle impro-
prement la Compagnie Rouennaise, nous que Dieu a fait
naître dans l'aisance, ou conduits à une certaine fortune !
Pourquoi ne voudrions-nous pas aussi concourir à une société régulière qui servirait de type à d'autres, à l'aide desquelles on arriverait ainsi à retirer de la misère et à conduire
à l'aisance des familles qui végètent dans notre pays ?

Pourquoi, voulant gagner de l'argent à l'aide du travail de
ces familles, ne s'organiserait-on pas de façon à leur donner
une part un peu large dans les bénéfices que l'on ferait ? Pourquoi même ne donnerait-on pas aux premières familles qu'il
s'agirait de faire émigrer, une petite parcelle des terres qu'on
leur donnerait mission d'aller cultiver ?

Pourquoi ne se constituerait-on pas les patrons et les sou-
tiens de ces familles pour faciliter leurs débuts et leur ouvrir
la porte d'une position meilleure ?

Pourquoi n'exercerait-on pas pour elles un acte de vraie charité chrétienne, *quand* nous voyons de simples et pauvres ouvriers nous donner de si nobles exemples ?

Si nous entrions dans cette voie, Dieu bénirait nos efforts ;
il déciplerait nos forces ! Maintenant, et pour un bon nombre
d'entre nous, on ne veut pas sacrifier une heure pour songer à nos affaires algériennes, parce que, pour les mem-

bres qui sout dans ce cas, leur intérèt est trop minime et trop insignifiant pour provoquer leur attention. Mais quand cet intérêt si minime *se serait agrandi* par la pensée d'une bonne action, par le but, non-seulement de son succès personnel, mais d'arriver à aider des classes qui souffrent, de faciliter leur émigration en Algérie! Alors l'apathie que j'ai souvent blâmée disparaîtrait, on se préoccuperait de la société, sinon à cause de soi, au moins à cause des familles normandes qu'on aurait excitées à partir. Alors on viendrait aux réunions, on trouverait à former près du directeur-gérant un conseil de surveillance qui serait dévoué, qui se diviserait la besogne, pour alléger le fardeau de la direction et le rendre possible, car on serait mû par cette pensée que, derrière soi *et au loin*, sont des familles dont il faut assurer le succès, puisque ce succès, en leur assurant l'aisance, assurerait en même temps celui des associés et une plus grande émigration en Algérie!

On ne regretterait plus le temps perdu aux réunions, parce qu'on agirait en vue d'une bonne action ; on se rappellerait que tous les dignitaires actifs de la Société d'E-mulation chrétienne, qui ont à s'occuper des détails de leur nombreuse administration, ne *sont que des ouvriers*, et que ces ouvriers, après avoir travaillé tout le jour pour assurer le pain de leurs enfants, dérobent au sommeil une heure ou deux, pour venir s'occuper *gratuitement* du soin de leurs associés.

Alors on travaillerait avec zèle, et à raison même de la division du travail, on arriverait plus promptement au terme de tous les embarras sous lesquels nous succomberions, si *promptement* on n'arrivait pas à une organisation nouvelle, *quelle qu'elle soit. Car pour moi je proclame bien haut mon impuissance personnelle à faire face aux embarras de toutes vos affaires judiciaires ou administratives..., et de compte et de culture, etc., etc.,* et le sentiment de cette impuissance me fait positivement maintenir *ma démission des fonctions de votre*

président, *à partir du* 1ᵉʳ *février prochain,* malgré les protes-
tations obligeantes de plusieurs d'entre vous dans la séance
du 5 de ce mois.

A raison de votre association nouvelle, les lenteurs ou les
mauvais vouloirs que j'ai cru remarquer près de certains fonctionnaires, disparaîtraient ; on s'empresserait au contraire à
aplanir les difficultés, pour que toute votre attention pût se
concentrer sur les développements à donner à vos constructions et à vos cultures, et à l'emploi du plus grand nombre
possible de familles normandes.

Alors le sentiment du dévouement pour ses cointéressés et
de charité pour les familles qu'on emploierait, ferait taire
toute rivalité, tout regret du temps employé aux affaires
de la compagnie : car on pourrait espérer que, plus tard, les
heures passées au service de l'association pourraient être
comptées par Dieu, comme des heures employées à son service, car on le sert en exerçant la charité.

Signé BAILLET.

TABLE DES MATIÈRES.

www.ingramcontent.com/pod-product-compliance
Lightning Source LLC
Chambersburg PA
CBHW050623210326
41521CB00008B/1360